U0359370

葫芦文化丛书

器物卷

总主编/扈鲁
本卷主编/孟昭连

中華書局

图书在版编目（CIP）数据

葫芦文化丛书. 器物卷 / 扈鲁总主编 ；孟昭连本卷主编. -- 北京 ：中华书局，2018.7
ISBN 978-7-101-13310-3

Ⅰ. ①葫… Ⅱ. ①扈… ②孟… Ⅲ. ①葫芦科－文化研究－中国②葫芦科－古器物－研究－中国 Ⅳ. ①S642 ②K875

中国版本图书馆CIP数据核字(2018)第130551号

书　　名	葫芦文化丛书（全九册）
总 主 编	扈　鲁
本卷主编	孟昭连
责任编辑	许旭虹
装帧设计	杨　曦
制　　版	北京禾风雅艺图文设计有限公司
出版发行	中华书局
	（北京市丰台区太平桥西里38号 100073）
	http://www.zhbc.com.cn
	E-mail:zhbc@zhbc.com.cn
印　　刷	艺堂印刷（天津）有限公司
版　　次	2018年7月北京第1版
	2018年7月北京第1次印刷
规　　格	开本787×1092毫米　1/16
	总印张155.5　总字数1570千字
国际书号	ISBN 978-7-101-13310-3
总 定 价	960.00元

《葫芦文化丛书》编委会

序　一

“葫芦虽小藏天地”，作为一种历史悠久、用途广泛的古老植物，葫芦也是文化内涵丰富的人文瓜果，遍布世界各地，受到各民族人民喜爱，有着漫长的文化旅程。据考古发现，在距今约 1 万年至 9000 年的秘鲁、泰国等地人们就开始种植和利用葫芦。我国河姆渡遗址发现了 7000 多年前的葫芦及种子，另据甲骨文中“壶”字似葫芦状推断，我国先民认识葫芦的时间起点也很早。至“郁郁文哉”的西周时期，《诗经》等典籍中已有大量关于葫芦在饮食、盛物、祭祖、敬老、婚姻、渡河等方面的记载，我国的葫芦文化初具规模。经过数千年历史演变和人文化成，葫芦的实用性与艺术性被广泛开发和应用，涉及农工渔猎商等各行生产和衣食住行婚丧嫁娶的社会生活，以及节日、信仰、娱乐、工艺、语言、故事传说等方面，成为传统文化中的吉祥物和重要的民俗事象，衍生出蔚然可观的葫芦文化。如钟敬文先生所言，葫芦“是中华文化中有丰富内涵的果实，它是一种人文瓜果，而不仅仅是一种自然瓜果”，葫芦文化是“中华民俗文化中具有一定意义的组成部分”。

“风物长宜放眼量”，由我国葫芦写意画专家与收藏名家扈鲁先生主编的九卷本《葫芦文化丛书》，以我国浩如烟海的传世典籍为基础，深入系统地挖掘整理了葫芦在种植、食用、药用、器皿、工艺及相关名称、民俗、传说等方面的历史与文化。其中仅葫芦工艺类的史料，就涵盖葫芦造型、葫芦雕刻、葫芦绘画、葫芦饰品、葫芦乐器等诸多方面，通过文学卷、器物卷、图像卷等等图文，系统地展示了传统葫芦在中国文学、绘画、音乐、工艺美术等方面承载的丰富文化内涵以及历代匠人的高超匏艺。

丛书不仅具有历史的、文化的视野，也深刻关注葫芦文化的传承与发展现实，对云南澜沧县、辽宁葫芦岛、山东东昌府等地的葫芦文化发展做出翔实纪录，结合葫芦大观园、葫芦烙画、葫芦针雕、葫芦民俗旅游村、葫芦宴等不同形式的葫芦文化传承与发展案例，全面分析各地葫芦画室、葫芦艺匠、葫芦研究、葫芦收藏、葫芦精品发展情况，深入探讨葫芦文化融入当代经济与生活的路径，葫芦于小处成为民众饮食起居所需之物，经济财富之源，信仰诉求形式等，大者则被塑造成为当地城市的文化地标、宣传品牌，有的成为社会经济产业的新兴途径、对外交流的文化名片。

这部丛书富有科学精神和人文视野，是葫芦文化研究与普及的一部力作，不仅对葫芦文化的发展历史与现实做出了全面系统的梳理和研究，也对民间文化、民间艺术的个案研究和历史研究做出了深入的探索，富有启示意义。中华文脉历久弥新，需要的正是这样磅礴而专注的努力和实践。

序言如上。不妥之处，敬请各位同仁和读者朋友指正。

潘鲁生

2018 年 3 月 29 日

序　二

伴随着文明社会的发展，葫芦流布于世界各地，演化为人类生产、生活与生命信仰中的亲密朋友，用途广泛、影响久远，葫芦除了是一种自然瓜果外，还是一种人文瓜果。在中国，葫芦文化绵延数千年，是“中华民俗文化中具有一定意义的组成部分”。

在传承久远、洋洋大观的葫芦文化中，本丛书从史料、文学、器物、图像、植物、地域等角度加以梳理，采撷其粹，集结汇编，向世人展现博大精深的中华葫芦文化。谈及这套丛书的编纂，还得从我的经历说起。

我出生于《沂蒙山小调》诞生地葫芦崖脚下，从小生活在浓厚的葫芦文化氛围之中。忆及儿时，家家种葫芦，蜿蜒的藤蔓和悬垂的瓜果随处可见，传说八仙之一铁拐李的宝葫芦即采于此。又因中国古代曾称葫芦为扈鲁，遂以此为笔名，亦寓意扈姓鲁人。葫芦从开花作纽到长大成熟，不断轮回的画面在我脑海里生根发芽，缓缓流淌，生生不息。巧合而幸运的是，高中毕业后，我考取了曲阜师范大学，攻读美术专业，毕业留校工作，由于对葫芦题材花鸟画情有独钟，工作之余投入很多的精力和时间创作写意葫芦画，收藏葫芦，研究葫芦文化，参与国内外的葫芦文化活动。2007 年，创建了葫芦画社；2010 年，建立了葫芦文化博物馆；2013 年，组织成立国际葫芦文化学会；2015 年，启动了“最葫芦 · 葫芦文化丝路行”工程等等。这些努力赢得了业内前辈专家的认可，著名画家陈玉圃先生十分赞同我“开创‘葫芦画派’”的观点；潘天寿先生的高足、我大学时花鸟画老师杨象宪教授在看过我的写意葫芦画和葫芦收藏后欣慰地说：“从此我不再创作葫芦题材花鸟画，这个题材就交给你了”，并为我题写了“贵在坚持”四个大字，鼓励我坚持自己的葫芦题材创作方向。

为了更好地创作葫芦题材的花鸟画，了解各种葫芦的形态，如长柄葫芦到底有多长，大的葫芦到底有多大等，我开始收藏葫芦，随着葫芦藏品不断丰富，发现葫芦承载着丰厚的文化内涵，对葫芦背后的民俗文化也逐渐了解、熟悉并日渐痴迷。后来，越来越感受到葫芦文化的奥妙无穷，相比之下，自己所做的工作和取得的成绩真是沧海一粟，微不足道。同时，我认识到现实中葫芦文化在人类生产、生活和精神世界中的衰落，也是一个无法回避的重要问题，这促使我深感传承和创新优秀葫芦文化的重要性和紧迫性。为此，我曾许下弘愿，要让葫芦文化在我们这一代振兴而不是衰落，要大放光彩而不是黯然失色。这种想法一直盘桓于胸，久久难以释怀。

幸运的是，我的梦想在一次偶然的与友人相会中忽然变得触手可及。那是在 2015 年的初秋某日，老友叶涛教授（中国社科院研究员、中国民俗学会副会长兼秘书长）前来探访，并参观葫芦文化博物馆、葫芦画社。这次来访距离上次叶教授参观草创时期的葫芦画社已经过去了 8 年，参观过后，叶教授用“无比欣慰”对我 8 年来的成绩给予了充分肯定，并且凭着他敏锐的学术眼光和多年从事民俗文化研究的经验，一针见血地指出：葫芦文化是中华优秀传统文化的重要组成部分，古今学者名家对这一题材都有涉猎，但在全面深入、系统整理方面乏善可陈，建议由我组织编纂一套《葫芦文化丛书》，可为全面系统地研究葫芦文化奠基供料。老友一语点醒梦中人，一番高瞻远瞩的建言令所有钟爱葫芦文化者为之心动，我自然也不例外，所谓“夫子言之，于我心有戚戚焉”。当时，我就表示要做，且要做好此事。尽管如此，在许诺之后，自己的内心除了惊喜、振奋之外，更多的是一种忐忑不安，不禁扪心自问：国内有这么多葫芦研究专家，“我到底行不行？”“为什么是我？为什么不是我？”类似的疑问盘桓脑海良久，但传承与弘扬中华葫芦文化的愿望亦是心头萌生良久之物，一份为弘扬传统葫芦文化而义不容辞之责让我毅然站在新的起跑线上，担起组织编纂《葫芦文化丛书》的大业与重任。决心一下，我开始组织有关人员分头搜集与葫芦有关的资料。当年 12 月份，叶涛教授再次专程来到曲阜，指导丛书编写事宜，经过充分讨论、酝酿，本次会面决定从《研究卷》《史料卷》《文学卷》《器物卷》《图像卷》等几个方面来梳理资料，汇编成册。接着，我开始四处联系专家、学者，并北上京津拜访名士，横跨南北，纵贯多省，十几个城市的几十名专家出于对葫芦文化的热爱和对我的厚爱，开始陆续加入到我们这个团队中来。

2016 年春节期间，热闹喜庆的气氛让我忽然想到，中国有几个地方都举办精彩纷呈的葫芦文化节，是不是再增加一卷《节庆卷》才会让这套书更完整？我顾不得春节休息，马上打电话和叶涛教授沟通汇报，他充分肯定了我的意见，觉得很有必要。但后来，深入思考后觉得由于每个地方特色各异，情况不同，在一卷里难以展现不同地域的全貌，我再次请教叶教授，最后我们决定增加《澜沧卷》《葫芦岛卷》《东昌府卷》地方三卷，以期对这三种具有地域代表性的葫芦节庆和葫芦文化做出全面深入的总结。至此，《葫芦文化丛书》已成八卷之势。这里需要特别说明的是，叶教授从策划、设计到每一卷的确定，甚至具体到章节，都付出了巨大的心血，每每是在百忙之中不辞辛劳地与我反复沟通、协商、指导，可以说，没有叶教授，就没有本套丛书，在此，我必须向叶涛教授表达最诚挚的谢意。

那个寒假，除确定了八卷本编纂任务外，我还联系中华书局，于 2016 年正月十四日赴北京拜访，汇报编纂方案，得到金锋主任、李肇翔先生的充分肯定，并答应由中华书局出版发行丛书。随后，我组织部分青年朋友和专家学者，撰写和论证丛书提纲，制定编纂计划，一个庞大的学术计划若隐若现，在不断的实践中渐渐成形，悠然而启。

在众多学界同仁与友人的鼎力支持下，2016年3月12日，《葫芦文化丛书》编纂工作会议在曲阜师范大学举行。会议召开前夕，在和与会专家聊天时，叶涛、张从军等教授提出，我们这套丛书尽管已经八卷，看似完备，但好像还缺少点什么，葫芦是从哪里来的，它的根在哪里？是不是还应该再从科学的角度对葫芦这个物种进行界定？闻此，我犹如醍醐灌顶，连夜联系到包颖教授，与她商讨此事，于是《植物卷》应运而生。至此，丛书九卷本的整体架构最终定型。

这次编纂工作会议开得非常成功。来自中国社科院、国家博物馆、中华书局、南开大学、山东工艺美术学院、山东建筑大学、曲阜师范大学、云南省社科院、黑龙江省文史馆等高校和科研单位的30余位专家学者，以及云南省澜沧拉祜族自治县，辽宁省葫芦岛市葫芦山庄，山东省聊城市东昌府区、济宁市和曲阜市等地的有关政府部门和社会团体负责人汇聚一堂，围绕丛书编纂工作展开研讨，都表示要力争将其做成“填补国内外葫芦文化研究的空白之作”。会上，确定了丛书编纂体例和各卷编纂成员，并由中华书局出版发行。《葫芦文化丛书》从此进入了正式编纂阶段。

在接下来的时间里，编纂团队全体成员怀着崇高的使命感，为了共同的目标不辞辛苦，竭尽心智，克服时间紧张、任务繁重、头绪杂乱等诸多困难，牺牲大量的休息时间，严格按照进度要求，执行质量标准，加强协作配合，全力推进丛书编纂工作，尤其是南开大学孟昭连教授承担了两卷的编写任务，而且孟教授接手《器物卷》较晚，其困难更是可想而知。各位专家表现出的忘我奉献精神和严谨治学品格令人钦佩。特别值得一提的是，在丛书编纂过程中，我们于2016年7月和10月在中国曲阜文化国际慢城葫芦套民俗村和聊城市东昌府区分别召开了丛书推进和审稿会议，葫芦岛市葫芦山庄将于2018年第九届国际葫芦文化节承办《葫芦文化丛书》发行仪式，有关地方政府、葫芦文化产业等都给予了积极配合和大力支持。同时，山东民俗学会等单位和个人也陆续加入到我们这个大家庭中来，让我看到在中国这片土地上复兴中国优秀传统文化的希望。在葫芦文化的感召下，丛书编纂团队同心协力，共同汇聚成一股强大的精神力量，推动着丛书编纂工作一步步扎实前行，最终如期完成，倍感欣慰。

在丛书即将付梓之际，我百感交集，感激之情无以言表，对丛书编纂过程中给予亲切指导、大力支持的各有关单位和诸位领导、专家、学者与同仁表示诚挚的感谢。感谢山东省文化厅，感谢中共澜沧县委、澜沧县人民政府，感谢中共东昌府区委、东昌府区人民政府，感谢山东省“孔子与山东文化强省战略协同创新中心”，感谢现代生物学国家级虚拟仿真实验教学中心，感谢曲阜文化国际慢城葫芦套民俗村，感谢京杭名家艺术馆杨智栋馆长，感谢辽宁葫芦山庄文化旅游集团有限公司王国林董事长，感谢山东世纪金榜科教文化股份有限公司张泉董事长，感谢聊城义珺轩葫芦博物馆贾飞馆长，感谢曲阜师范大学胡钦晓教授。感谢潘鲁生先生欣然为之作序，让本丛书增色颇多，感谢丛书的顾问刘德龙、张从军、傅永聚、叶涛等诸位先生为丛书规划设计、把关掌舵，感谢中华书局金锋、李肇翔、许旭虹等同仁对丛书出版付出的心血和大力支持，感谢孟昭连、高尚榘等我尊敬的专家教授，感谢我可亲的同事们和全国各地葫芦文化同仁朋友们，感谢我不辞辛劳的学生们和无数共举此盛事的人们，言不尽意，或有遗漏以及编纂不周之处，请诸位见谅，心中感念永存！

我是幸运的，有诸位同道师友与我一起共赴理想，描绘中华葫芦文化的绚丽多姿；我们是幸运的，身处一个伟大的时代，民族复兴的滚滚春潮孕育、催生着一朵朵梦想之花。2013 年 11 月 26 日，习近平总书记视察曲阜并对弘扬中华优秀传统文化发表重要讲话。我作为孔子家乡大学的一名从事葫芦文化研究的学者，倍感振奋、倍受鼓舞，习总书记的讲话为我的研究事业指明了前进方向，提供了根本遵循。也就是自那时起，我更加清醒地认识到肩上的使命，更加系统地思考谋划葫芦文化研究事业，进而形成了“一脉两端”整体研究格局。“一脉”即中华优秀传统文化之脉，“两端”即“向上提升”“向下深挖”；“向上提升”

就是将葫芦文化研究提升到贯彻落实习近平总书记曲阜重要讲话精神，推动中华优秀传统文化传承弘扬，为中华文化繁荣兴盛贡献力量的高度；“向下深挖”就是要扎根“民间”“民俗”“民族”的优秀传统文化，推动葫芦文化通俗化、大众化、时代化。五年后的今天，当初那颗梦想的种子已经生根发芽，吐露着新绿。我坚信，沐浴着新时代的浩荡东风，她必将傲然绽放出更加夺目的光彩！

艺术是文化之脉，文化是艺术之根——这是我从事葫芦文化研究工作的深刻领悟。一名艺术工作者只有将根基深扎在中华文化的沃壤上，其艺术创作才会厚重而不轻浮、坚定而不盲从，才会充溢着炽热而深沉的人文情怀，由内而外生发出撼人心魄的艺术力量。毫无疑问，葫芦文化研究对葫芦题材绘画创作的涵养与提升，其作用正是如此。在长期的民间探访、乡野调查、写生采风和对葫芦文化的发掘整理中，我对葫芦的形与神、意与韵、气与骨，都有了更为深切的体悟。这些慢慢累积的情感，聚于胸中，流诸笔下，使我的艺术创作更加纯粹淡然，无论是水墨的点染还是色彩的铺陈，都是我与心灵的对话，对生命的赞美，对文化的致敬。

葫芦就像一个音符，永远跳跃在我的心头。此前大半生我用尽心力去创作、收藏和研究葫芦，此后之余生亦会毅然决然地投身于葫芦文化事业之中，平生与葫芦结下的一世缘分，愈久愈深，浓不可化。九卷本《葫芦文化丛书》是一个新的起点，我会在传承与创新葫芦文化的漫漫长路上竭我所能，略尽绵薄。

是为序。

扈鲁

2018 年端午节

目　录

综论

一 生活中的葫芦

在人类的初期，葫芦是最早被用来作为盛器的东西。因为那时人类还不会制造复杂的工具，只能利用自然界里现成的物质，稍作加工，制成生活用品。可以想象，像这种圆形的可作盛器的东西，也只有葫芦最合适。在南方，可能还有椰子壳之类的果实，也能做成盛器。葫芦品种很多，形状各异，大小都有，所以只要挖开一个口，就能舀水盛东西，实在太方便了。考古发现，在7000多年前的浙江余姚河姆渡遗址，发现了葫芦皮和葫芦籽，属马家浜文化的浙江罗家角遗址、属良渚文化的浙江杭州水田畈遗址等也都有发现。黄河流域，在河南裴李岗距今约七八千年的新石器遗址中，也出土了葫芦皮。这些考古发掘说明，我们的祖先对葫芦的利用是很早的，种植也非常广泛。

（一）葫芦瓢

早在两千五百多年前，《论语》就记载孔子赞其弟子颜回说："贤哉，回也！一箪食，一瓢饮，在陋巷。人不堪其忧，回也不改其乐。贤哉，回也！"后来《韩非子》也有"夫瓠所贵者，谓其可以盛也"的说法，可见将葫芦制成瓢用来舀水盛东西，是葫芦最基本的使用功能。《南齐书·卞彬传》："彬性饮酒，以瓠壶瓢勺杬皮为具，着帛冠，十二年不改易。以大瓠为火笼，什物多诸诡异。自称下田居。妇为傅蚕室。”“瓠壶瓢勺”即用葫芦做成的壶与勺子，“以大瓠为火笼”则是用大葫芦做成的烘篮。南方有的少数民族及非洲的一些国家是以它作为主要运水工具的，葫芦外面套上网罩，一次可以带好多。清康熙年间所撰《台海使槎录》记当地诸番“汲水用大葫芦，曰大蒲仑”，并且“衣粮多贮葫芦内，远出亦担以载行衣”。《皇清职贡图》卷三载淡水熟番“妇盘髻约以朱绳，衣亦如男，常携葫芦，汲水蒸黍”。同书卷四载广川山子猺人“每出行，男女皆携葫芦为饮器”。至今我国南方的一些少数民族，仍然保持着这一传统。虽然现代各种材料的盛器越来越多，但研究发现，还是用葫芦瓢最健康。现在人们追求“绿色”生活，看来葫芦的使用还没有穷期。

（二）酒葫芦

葫芦既可以盛水，当然也可以盛酒，所以在古代，酒葫芦与水葫芦一样，同样是生活中不可缺少的。《诗经》上说：“酌之用匏”，“匏”本为葫芦的泛称，此处则专指葫芦酒杯。苏东坡诗云：“道人不惜阶前水，借与匏尊自在尝。”此处“匏尊”所指相同。《逢原记》：“李适之酒器有瓠子卮。”“卮”亦是酒杯。《水浒传》第五回“智取生辰纲”写晁盖等人出来假装买酒，白胜便说：“好，五贯钱一桶。只是没有碗，就用两把酒瓢舀着喝吧！”这是临时把瓢作为酒杯使用。做酒杯只能用小一些的葫芦，大葫芦则用来装酒，所谓“酒葫芦”是也。谢承《后汉书》：“郑敬隐处精学。同郡邓敬公为督邮，过敬。敬以荷荐肉，瓠瓢盛酒。”此处记的是用荷叶包着肉，用葫芦盛着酒来招待客人。杜甫诗：“旧犬喜我归，低徊入衣裾。邻舍喜我归，沽酒携葫芦。”最后一句就是提着葫芦去买酒。在古代诗文中，写到“酒瓢”的地方极多，有时是指酒杯，有时是指盛酒葫芦。如唐姚合诗“不是相寻懒，烦君举酒瓢”，宋王禹偁诗“病来芳草生渔艇，睡起残花落酒瓢”，前者应该是指葫芦酒杯，后者可能是指酒葫芦。用葫芦盛酒，比陶器、瓷器等更为轻便易携，而且还有冬暖夏凉的特点。《物类相感志》云：“乘者以瓠盛酒，冬即暖，夏即冷。”原因是葫芦质软，导温慢，再加密封性能很好，葫芦内外的温度有一定差别。《三才图会·器用》卷十二《葫芦樽》介绍了酒葫芦的制法："葫芦樽，用大小二匏为之。中腰以竹木，旋管为笋，上下相联，坚以布漆。中开一孔，如上式，但不用足。口上开一小孔，并盖子口透穿，横插铜销，用小锁闭之以慎踈。"

（三）药葫芦

用葫芦装药也是古代的事情。最初可能仅仅因为它是现成的容器，不需要什么加工。不过仔细推究起来，用它保存药物确实比用其他质地的容器如铁盒、陶罐、木箱更好。因为它有很强的密封性能，潮气不易进入，容易保持药物的干燥，不易发霉变质。道家之徒多以医为业，所以身边常带着葫芦，本来只是装药之用，久而久之，成了道家的标志，葫芦中也演绎出万千神奇的故事。除此之外，葫芦还可以用来盛油、盛醋。

（四）腰舟

葫芦还可以做成浮水的"腰舟"，古人过河甚至渡海都要用这种腰舟。《物原》就有"燧人以匏济水"之说。庄子《逍遥游》："惠子谓庄子曰：'魏王贻我大瓠之种，我树之成而实五石。以盛水浆，其坚不能自举也；剖之以为瓢，则瓠落无所容。非不呺然大也，吾为其无用而掊之。'……庄子曰：'今子有五石之瓠，何不虑以为大樽而浮乎江湖……'"《逍遥游》是一篇寓言作品，用的是虚构夸张的笔法。能容五石的大葫芦当然是很少见的，但用葫芦渡水并不是无中生有的想象之词。《埤雅》云："壶性善浮，要之可以涉水，南人谓之要舟。""要"即"腰"的假借字，是说把葫芦绑在腰间，借其浮力以渡河。所以《鹖冠子》有"中流失船，一壶千金"之语。葫芦性浮，得之可免沉溺，当河中翻船时，其值何止千金！葫芦何以又称瓢，正因其能在水中漂浮。瓢，漂也。葫芦又叫匏，也是因为它的这种特性。匏，泡也。泡能浮在水面上，正与葫芦性同。宋李之仪有诗云："欲问船师觅宝洲，须将大瓠作腰舟。掀天白浪蛟龙吼，才得随流一点头。"腰舟在南方的少数民族里更为常见。在一本明代的《琼州黎民图》中，有一幅过河图，一男子正撑竹筏过河，对面一男子则腋下挟一亚腰葫芦，游水而来。文字说明云："黎中溪水最多，每遇大流急势艰于徒涉，黎人往来山际，辄用绝大壶芦，带于身间。至于溪流涨处，则双手抱之，浮水而过，虽泅者不能如其捷，亦有于山中取竹束作一捆，藉其浮势夹挈而渡者。”康熙间成书的《台海使槎录》：“诸番与汉人贸易，家中什物亦有窑器釜铛之属，近亦间置桌椅。又制葫芦为行具，大者容数斗，出则随身，旨蓄、毯衣悉纳其中，遇雨不濡，遇水则浮。”（卷五）并有诗云：“外沿大海内深溪，浮水葫芦每自携。惟有土官乘筏过，众擎如蚁两行齐。”（卷八）《番社采风图考》亦记台湾风俗，谓“台地南北大溪数十，宽广无梁，经冬浅涸，可从涉。夏秋水泛，汹涌湍激。土目、通事，有事经涉乘竹筏，令番浮水绕筏，扳援而行”。所绘渡溪场面，分别绘有乘木筏、牵牛和腋下挟持葫芦渡水的情景。清人陈世俊《番俗图》亦谓番人“腰掖葫芦浮水，挽竹筏中流，竞渡如驰”。《台湾内山番地风俗图》：“水沙连社地处大湖之中，番人驾蟒甲以通往来。蟒甲者，独木舟也。熟番居处山外，溪无舟楫；水涨时，腰挟葫芦浮水径渡。惟官长、兵弁至社，番人结木为筏，数十人擎扶而过。”《噶玛兰厅志》卷五：“盖番性素与水习。秋潦骤降，溪壑涨盈，腰掖葫芦，径渡如驰。”直到现在，“腰舟”依然存在。江淮一带的船家为了保证孩子的安全，常在孩子的腰上绑上葫芦。在海滨游泳的人，也愿意在腰间绑一个大葫芦，以防不测。现在山西省的南部还有人用葫芦搭成船渡河。

（五）窍瓠

葫芦还可以用来做农具。古代有一种农具叫“窍瓠”，是农业生产中较常用的一种播种工具。“窍瓠”早在一千多年前就已经有了，《齐民要术》有载，然并未详细介绍它是如何做成的，只说有些蔬菜的播种要用这种工具。在这本书的卷三，两次提到了窍瓠。一次介绍种葱的方法：“收葱子，必薄布阴干，勿令浥郁（此葱性热，多喜浥郁，浥郁则不生）。其拟种之地，必须春种绿豆，五月掩杀之。比至七月，耕数遍。一亩用子四五升（良田五升，薄地四升），炒谷伴和之（葱子性涩，不以谷和，下不均调；不炒谷则草秽生）。两耧重耩，窍瓠下之，以批契继腰曳之。”这里大意说的是葱子表面不光滑，下种时要先用炒熟的谷子与葱子掺和起来，再用窍瓠播到地里。第二次是介绍苜蓿的种植方法时，说“一如韭法。旱种者，重楼耩地，使垄深阔；窍瓠下子，批契曳之”。从《齐民要术》的记载来看，似乎这种工具主要是种菜用的。《农桑辑要》卷三载种桑之法，亦以窍瓠为之：“如旧有椹，春种更妙。后宜筑围墙固护。或虑索繁碎，以黍椹相和，于葫芦内点种，过处，用篝扫匀。”其做法很简单，用干透的大葫芦在两头各开一个圆孔，掏出葫芦籽，作为播种时贮存种子的容器。圆孔中插入一根木棍，古书上称这根木棍为“箅”。箅的上下两端都露在葫芦的外面，上一端较长，为柄；下一端较短，用以插入土中播种。木棍在葫芦中的部分挖有一条空心槽，一直通到最下端，种子就是顺着空心槽排出的。也有的不用木棍，而是用一根竹竿穿在葫芦中间，将竹节打通，这样更省事一些。播种时，将瓠种器系在腰间，顺着开好的垄沟前进，一边走，一边用木棍敲击瓠种器的柄，以振动葫芦中的种子不断落入沟内。也可以用来点播，只要把排种口插入土中，稍加振动，种子便会播出。使用这种窍瓠播种，对农作物的生长很有好处，这也是古代农人喜用的原因之一。

二　葫芦器

（一）模制葫芦器

葫芦器是我国一种极具民族特色的工艺品。其制作原理是利用葫芦幼时柔嫩的特点，用模子套在它的外面，使其只能在模子的有限空间里生长发育，这样长出来的葫芦便不再是本来的自然形态，而是和模子一模一样了。这和古代用模子铸钱是一个道理。葫芦器最早发明于唐代，唐玄宗年间一位道士王旻著《山居要录》，有“种大葫芦”条，介绍了一种种大葫芦的方法，最后一句是“若须为器，以模盛之，随人所好”，意思是说，如果想用葫芦做成什么器皿，就用模子把葫芦套起来，想要什么就能长成什么。这种方法一直在民间流传。到了明代万历年间，著名文人谢肇淛在他的《五杂俎》记载："余于市场戏剧中见葫芦多有方者，又有突起成字为一首诗者。盖生时板夹使然，不足异也。"他见到的就是这种套模长出来的葫芦。这种民间工艺也传到宫中。文献载，明代宫中嫔妃时兴一种葫芦耳坠儿，就是太监用模子套出来的。其方法是以金银打造成葫芦形状的两半模，夹在嫩葫芦上，控制其生长，结果就长成了很小的葫芦，镶嵌上珠玉，就成了人见人爱的葫芦耳坠儿。但成功率很低，"然百不得一二焉，因其难得，所以为贵也。"明代灭亡，这种工艺被清宫直接继承下来，并得到迅速发展。尤其是康乾时期，葫芦器繁荣一时，工艺水平达到令人叹为观止的地步。此时葫芦器品种之繁，数量之大，技艺之精，堪称空前。仅从现存的实物来看，清代葫芦器中有杯、盘、碗、盒、笔筒、瓶、盖罐、寿桃、如意、尊、炉、扁壶、砚盒、钟楼、香盒、鼻烟壶及虫具，多达二三十种。有些造型奇特的器物，要不是保留了葫芦的质地，令人完全想不到竟是葫芦长成的。精美绝伦的葫芦引得帝王将相、王公贵戚趋之若鹜，被视为"奇丽精工，能夺天工"的"御府文房之绝品"。清代康熙、乾隆对葫芦器都十分喜欢，还用它来赏赐大臣，馈赠外宾，贵如金银珍宝。乾隆除了把玩鉴赏，还不止一次作诗歌咏葫芦器，如他写的《恭题壶卢椀歌》："葫芦椀逮百年矣，穆如古色含表里。摩挲不忍释诸手，'康熙御玩'识当底。""摩挲不忍释诸手"一句，表现出乾隆帝对葫芦器的喜爱，竟到了把玩起来不愿放手的程度！不但喜欢把玩，皇帝甚至还亲自参与设计，考察宫中葫芦的生长情况。从康熙到道光，宫中每年都生产大批各式葫芦器，直到现在，故宫还收藏有数百件精品。事实上，清代葫芦器繁荣，与帝王的喜爱是有直接关系的。

葫芦器除了器形较大的可作为清宫及各王府的文房御玩和厅堂摆设，还有一种器形较小的专用作玩养冬虫的器具，这就是葫芦虫具。畜养鸣虫以作玩赏，是我古代一项历史悠久的民间娱乐活动。早在唐代，长安城里的宫女们就畜养蟋蟀"夜听其声"。至明清，从宫廷到民间，畜虫之风大盛，普通百姓也以养虫为乐，以怀揣葫芦为幸事。潘荣陛《帝京岁时纪胜》载乾隆时京城里“少年子弟好畜秋虫，曰蛞蛞……能度三冬。以雕作葫芦，银镶牙嵌，贮而怀之……”这种“银镶牙嵌”的“雕作葫芦”，都是用模套出来，在当时就很贵，好的竟值数十两银子。所以清代民间也有人在种植模制蝈蝈葫芦、蟋蟀葫芦。当时的玩家将鸣虫葫芦分为两大类，清宫与王府所出称为“官模”，民间所出称为“私模”。相比较而言，宫中有造办处，集中了全国各地的名工巧匠，雕制的模具从造型到纹饰，是民间无法比的，所以“官模”葫芦的技术与艺术水平最高。“私模”比较有名的有“安肃模”、“沙河刘”以及“天津模”，其中又以“沙河刘”声名最著。据晚清相声《扒马褂》及民国年间的小说《津门艳迹》所记，“沙河”是天津附近的一个地名，同治、光绪年间这里一位刘姓葫芦艺人种植套模的蝈蝈、蟋蟀葫芦，全为没有纹饰的“素模”，但因大小适宜，葫芦的皮质好，用来养虫共鸣效果极佳，所以连北京的王爷、太监，都要到天津来买他的葫芦。因此，“沙河刘”葫芦在当时价格奇高，直逼“官模”。近年天津的葫芦工艺发展极快，工艺技术、产品形制皆超越清代，规模之大，参与人数之多，更是前代无法比拟的，已经当之无愧地成为当代中国葫芦器工艺的中心。另外，山东聊城的蝈蝈葫芦也很有名。但与模制的蝈蝈葫芦不同，它是以天然的扁圆葫芦雕刻而成，大小适中，朴素自然，而且价格便宜，非常实用。

（二）其他葫芦器

广义的“葫芦器”并不单指上述模制葫芦器，还包括其他以葫芦为材质制成的工艺品。从工艺角度来看，除了范制葫芦器，还有砑花、火绘、勒系、雕画等多种。有的工艺已经有了很久的历史，有的则出现较晚，有的则是借鉴了其他艺术门类的工艺手法。这些工艺往往不是完全独立的，常常相互结合。

砑花，或作“押花”，民间有人称之为“掐花”，是葫芦器的重要工艺之一。砑花的原理与阳雕很相似，即剔除花纹周围的部分，使花纹凸现出来。可以说，砑花与一般的雕刻手法是相反的。葫芦砑花使用的工具不是带有锋刃的刀子，而是一种玉制的砑刀，近年也有人用不锈钢磨制。阳文雕刻需要挖下去的部分，砑花是用砑刀用力压得凹下去，但不能破坏葫芦表面的一层硬皮。这一点十分关键，也是与雕刻的重要区别。砑花是在老熟后的葫芦上进行的，能产生浅浮雕的效果，与范制出的花纹图案具有不同的美感。

火绘俗称“烫花”或“烙花”，是一种有很长历史的工艺，据说最初兴起于上世纪20年代的西昌地区。开始时是在竹木器及牛羊皮上烫出种种花纹图案，后来被治匏艺人移植到葫芦上，出现了火绘葫芦。火绘葫芦并不限于虫具，像葫芦鸽哨、观赏葫芦及其他葫芦均有火绘者。火绘者一般需要较好的绘画知识，掌握绘画的基本技巧，这一点十分重要。水平较高的葫芦火绘，在表现的细腻、色调的和谐、画面的清晰生动方面，均有极佳的艺术效果，甚至不亚于宣纸水墨画。

扎系亦是葫芦工艺之一种，又包括两种手法：一类是“系”，民间俗称为“系扣”，是指将正在生长中的嫩葫芦像绳子一样打成一个结；另一种是用绳子系在嫩葫芦的某些部位，葫芦成熟后就会产生奇特的效果。明代的谢肇淛就见过这种葫芦：“于闽中见一葫芦，甚长而拗其颈，结之若绳状。此物甚脆，而蔓系于树，腹又甚大，不知何以能结之？”这里说的就是系扣。这种工艺晚清渐渐不传，上世纪90年代随着长柄葫芦传入国内，才又逐渐恢复。近年除了在一个葫芦上打成结，两个甚至更多的葫芦都可以系在一起，成为连环的式样。

雕刻葫芦，就是在葫芦上刻字雕画。兰州的刻葫芦非常有名，它用的葫芦并不是大家常见的那几种，而是一种经过长期改良培植出来的特殊品种。这种葫芦奇特而别致，大的如鸡蛋，小的似圆珠，皮质油润而光滑，色呈乳白或淡黄。艺人在葫芦上飞刀划针，随意刻画出简单的花草虫鱼图案，作为观赏。刻制葫芦要经过刮、晒、磨的加工后，艺人们施展各种针法、刀法。刻削前要先有腹稿，胸有成竹，然后用笔轻轻构图。雕刻时要屏息静气，一气呵成。聊城的蝈蝈葫芦也属于刻葫芦的一种。有的以本色葫芦作地，雕刻内容取自古代戏曲及神话传说，都是群众喜闻乐见的内容。制作工具主要是用针划，辅以刀刻，之后还要用各种颜色加以点缀，以使线条更加清晰醒目。有的是先把葫芦染成鲜艳的紫红色，然后用刀子片出花纹后，红底白茬，极为醒目艳丽。整个工序全靠一把刀子，不需其他辅助工具。刀法简炼夸张，生动传神。

还有一种葫芦画，就是用画笔颜料在葫芦上作画。有的是以红漆髹涂，也有的再绘以山水人物或吉祥图案。也有人在较大型的亚腰葫芦上表现较复杂的主题，如在葫芦上绘制三国、水浒人物图像；或将绘画与雕刻结合起来，创作出葫芦雕画。

三　葫芦形器物

如上所述，由于葫芦在古代生活中用途甚广，所以在古人的思想意识中留下了深刻印象，以致后来出现的很多器皿的造型，都把葫芦作为模仿对象，创造出了大量葫芦形器物。关于葫芦与古代器物的关系，刘尧汉先生有一段论述："葫芦能成为原始人简单易制而又轻便的容器 这是它的形状和性能决定了的。按照《本草纲目》的分类，葫芦基本上有五种。人们对这五种葫芦以不同方式割截，便可制成各种形状的容器。"如下图：

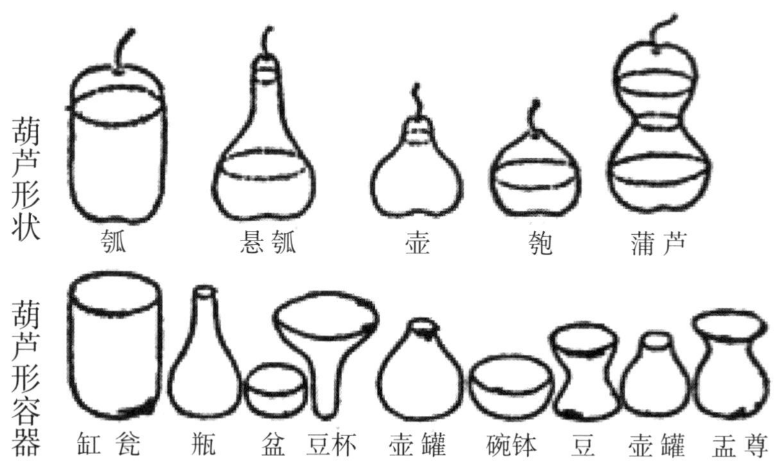

应该说，对照上图，刘尧汉先生的论述是有说服力的。只要以之对照以后出现的陶器、瓷器、青铜器等，就更能说明，葫芦的天然造型对后来各种人造器物，都起到重要的启发与借鉴作用。尤具说服力的是五六千年前马家文化葫芦形彩陶瓶（见下左图），连葫芦的那个弯柄也原封不动地照样模仿，让人一看就知道只能是葫芦而不是其他，而这个造型后来又被青铜器模仿了一遍。这个彩陶葫芦瓶只是观赏品，因为没有开口，并不能作为盛器使用。但青铜葫芦瓶把上部的弯柄当作盖，可以拿下来，是可以使用的。所以这个青铜瓶实际上就具备了两种功能，一种是实用，一种是观赏。再看春秋战国的各种青铜匜，虽然造型稍有差异，纹饰有别，但几乎都是按照剖开的葫芦瓢的样子铸造的。以后又出现的瓷器、漆器、玻璃器乃至现代的塑料制品，也都将葫芦尤其是亚腰葫芦的形状，作为一个重要的造型，而且越来越多，都是传承于古老的“葫芦意识”。

葫芦及葫芦的造型，产生了几种观念上的功能，一为祈福，一为辟邪，

古代模仿葫芦的陶瓶和青铜瓶

三为清高，不与人同流合污。祈福功能产生得最早，因为《诗经》中已经有“绵绵瓜瓞，民之初生”的诗句，把累累的葫芦，直接与人类的世代繁衍联系起来。“多子多福”是人类一个古老的观念，葫芦多籽，所以葫芦也就意味着多福。古代祭天祭祖，男女成婚用葫芦瓢“合卺”，都象征着子孙繁茂，生活越来越幸福。至于葫芦驱邪避祸的功能，是在道教产生之后。早期道家多医者，因为葫芦有盛药的用途，医者多随身携带。所以《后汉书》记费长房悬壶济世，就将葫芦作为一个标志；后世医家带着葫芦治病救人，人们便逐渐滋生了葫芦能驱邪求吉的观念。在此基础上，葫芦还成为清高的象征，是古代文人隐士们的精神寄托之所。如宋陆游《刘道士赠小葫芦》：“葫芦虽小藏天地，伴我云山万里身。收起鬼神窥不见，用时能与物为春。”元人范梈《种瓠》诗：“嘉瓠吾所爱，孤高更可人。不虚种植意，终系发生神。有叶诚藏用，无容岂识真。明年应见汝，众子亦轮囷。”那些仕途上不得志或科举失意的文人，不仅寄迹山林之间，而且总不忘身边带个葫芦以示清高。像明末浙江秀水的文人王应芳，因不满于现实，便弃官归里，以种梅匏自娱。另一位著名文人巢鸣盛，也是个明末遗民，对满清的统治不满，便回到家里盖了几间草房，以种桔治匏聊度晚年了。他们都是以种葫芦来显示自己不与人同流合污的清高孤芳之志。

相对于葫芦的实用价值，围绕葫芦产生的这些观念，虽然有些不免带着“迷信”的色彩，但它丰富了葫芦文化的内涵，也充实了人们的精神生活，扩大了文学艺术的表现题材。明清神魔小说中，葫芦一变而为高道仙人降妖伏魔、斗法的宝物与法器，如在《平妖传》《西游记》《封神演义》等书中均将葫芦描写得魔力无限，这为小说增添了强烈的神奇色彩和浪漫情调。葫芦也是绘画艺术经常表现的题材，宋人就有以“绵绵瓜瓞”为题的绘画，以寄寓子孙延绵的希望。至于工艺品中，以葫芦为题材或装饰纹样的就更多了。

最后，对本书所用资料稍作说明。应该说，在接到《器物卷》的任务之后，我即在以前出版的拙著《中国葫芦器》的基础上进行工作，原打算删掉大部分原来的文字，留下部分文字，尽可能择优选用原有的图片，再加上新增图片，构成一部图文并茂的书。这样的优点是，既可使原来对葫芦器不了解的读者，通过文字的叙述能够有所了解，又可以通过图像有个直观的印象。但后来听说本套书各卷都只是资料汇编，并不是著作。于是我只好回过头重新改写，文字叙述部分都去掉了，只留下了图片的说明文字——因为自己本来的著作又要通过自己之手变成“资料”，我实在难以下手。至于图片部分，来源有三：一是采用拙著《中国葫芦器》原有的，这构成了本书的主要部分，一般每页都署为“选自《中国葫芦器》”。第二个是由葫芦画社提供的，实物多为葫芦画社收藏，署为“葫芦画社藏”；也有其他收藏者，也署名收藏单位或个人。第三个来源是近年新出葫芦器精品，有我拍摄的，也有的由制作者提供照片，一般署为制作者。对这一部分图片拍摄者，先行致谢，并示以不敢掠美之意！

壹

天然葫芦

一　品种

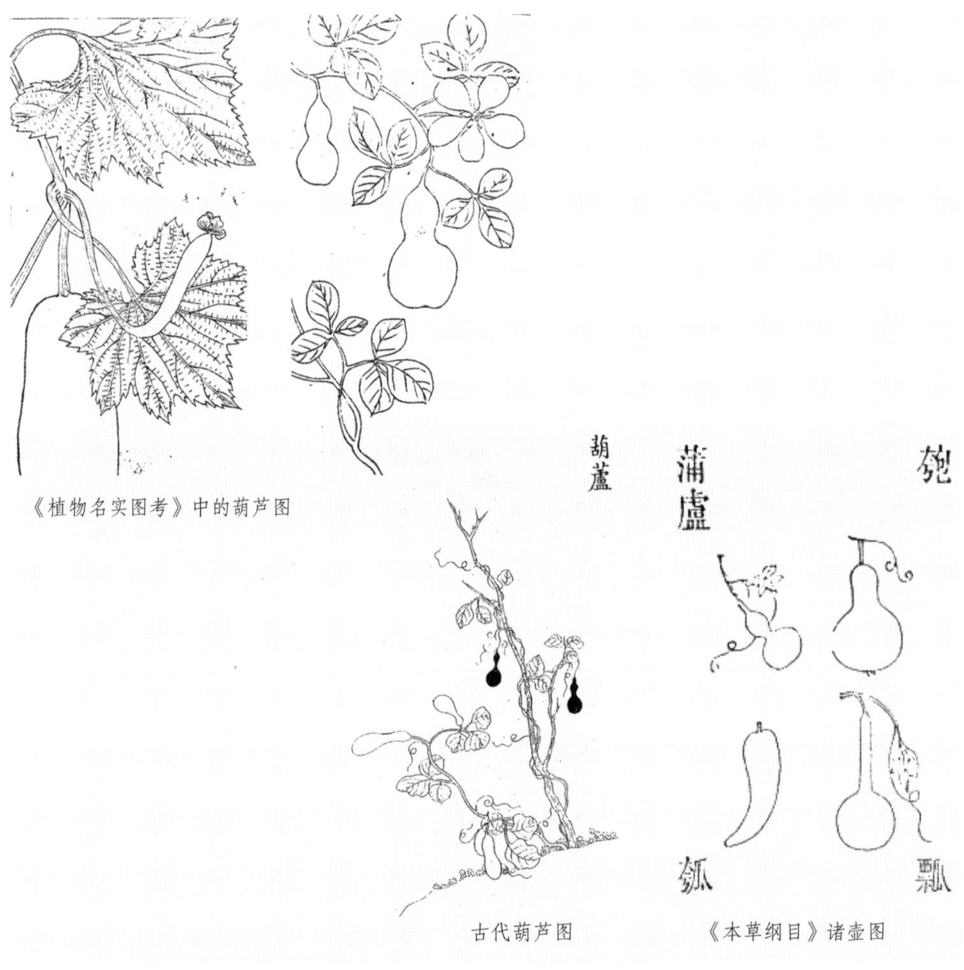

《植物名实图考》中的葫芦图

古代葫芦图

《本草纲目》诸壶图

瓢葫芦

“瓢葫芦”之称，一般认为是因其皮质坚实，成熟后可作舀水的瓢。但明人李时珍则曰：“其圆者曰匏，亦曰瓢，因其可以浮水，如泡如漂也。”也就是说，葫芦称为“瓢”是因为它能在水上漂起来，并不是因为它可以做成水瓢、面瓢。亦即“水瓢”之得名是来自葫芦本称“瓢”，而不是相反。瓢葫芦的主要特征是圆腹而短柄，而实际上腹之大小、柄之长短粗细又颇有区别，因此其用亦稍有区别。

选自《中国葫芦器》

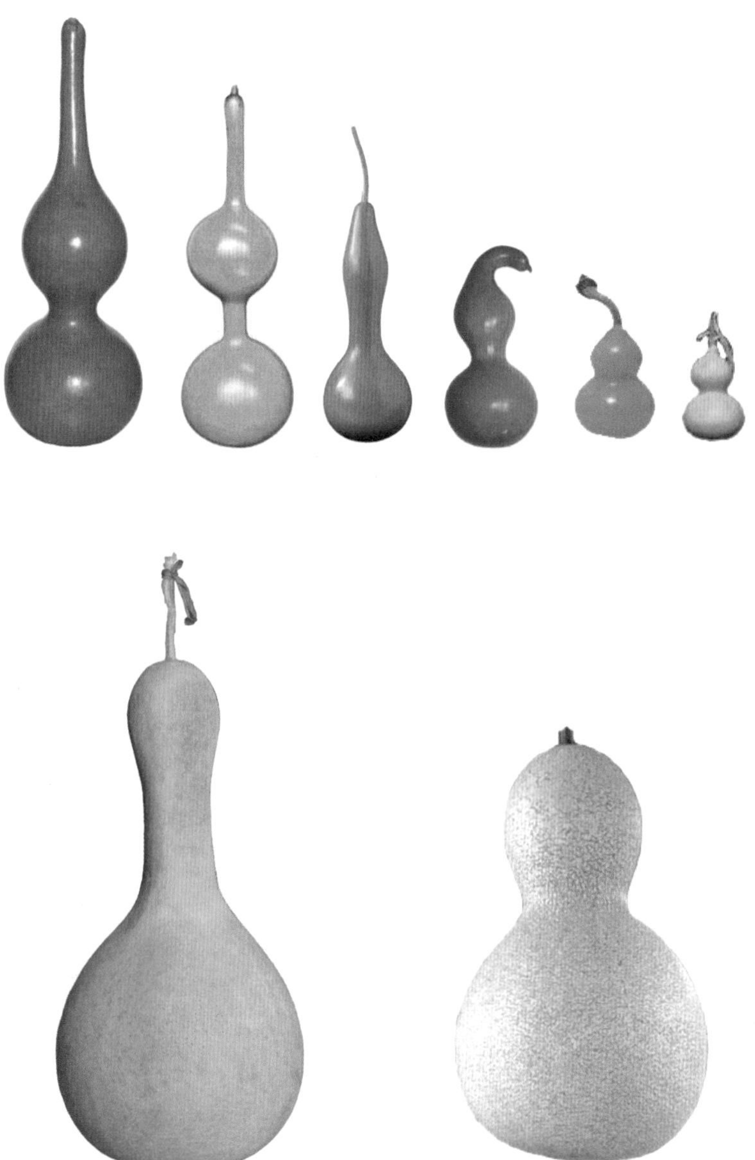

亚腰葫芦

亚腰葫芦总体形状相同，但细分起来，腹之大小，腰之粗细，柄之长短，又有很多不同。体形之大小相差尤大，最大有近一米高者，至小者则只有花生大小，巨细之别何止百千。上图最小的高仅两厘米，京津人谓之“手捻儿”。下二具为新疆葫芦，体形硕大，表皮遍布细纹，犹哈密瓜，又似瓷器之冰裂纹。

选自《中国葫芦器》

扁圆葫芦

扁圆葫芦体形大同小异，腹部浑圆饱满，左右对称。平底，上部亦平或稍凸起。亦有大小之别，但主要不是品种问题，而是肥水充足则稍大，肥水差则次之。然近年又有所谓“美国葫芦”，二三排皆是，与中国传统的扁圆葫芦稍有不同，既有浑圆者，亦有小柄凸出者，大小皆备。

选自《中国葫芦器》

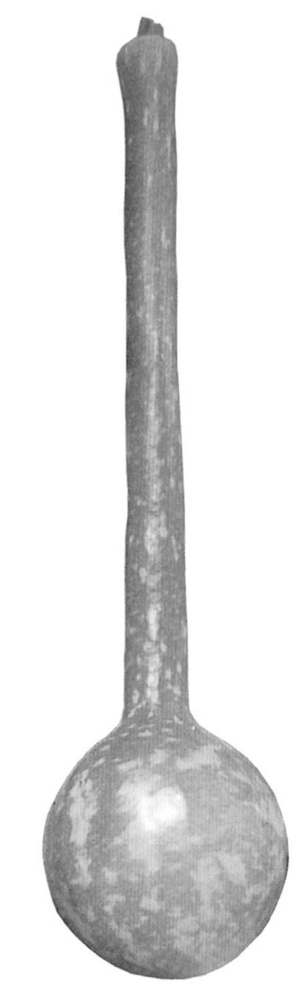

长柄葫芦

长柄葫芦，一般口语中称“长把葫芦”。称“长柄”，求其雅也。李时珍在《本草纲目》中称之为“悬瓠”。它的形状是下部浑圆，小者如拳头，大者如足球。上面是一根细长的直柄，柄之长短亦有很大差别，长者三四尺，短者不足一尺。中国传统的长柄葫芦颜色如左，嫩时绿色渐渐变白；皮有花纹者，为近年从国外传入。左上为吾弟昭贤90年代所种，近一人高。

选自《中国葫芦器》

瓠 子

作为普通百姓的菜蔬，瓠子是人们最熟悉的葫芦品种之一。李时珍所云“长如越瓜，首尾如一者”，其形呈不规则圆筒形,像条大丝瓜,粗细长短不一。有甘苦之分。苦者一般用来范制葫芦虫具或其他长形葫芦器，作为日常生活的盛具。甘者嫩时外皮呈白绿色，柔嫩多汁，可以食用；成熟后皮色偏白，质地不太坚硬。笔者曾经种过日本品种的瓠子，最粗者直径有20余厘米，长一米有余，重达四五十斤。

选自《中国葫芦器》

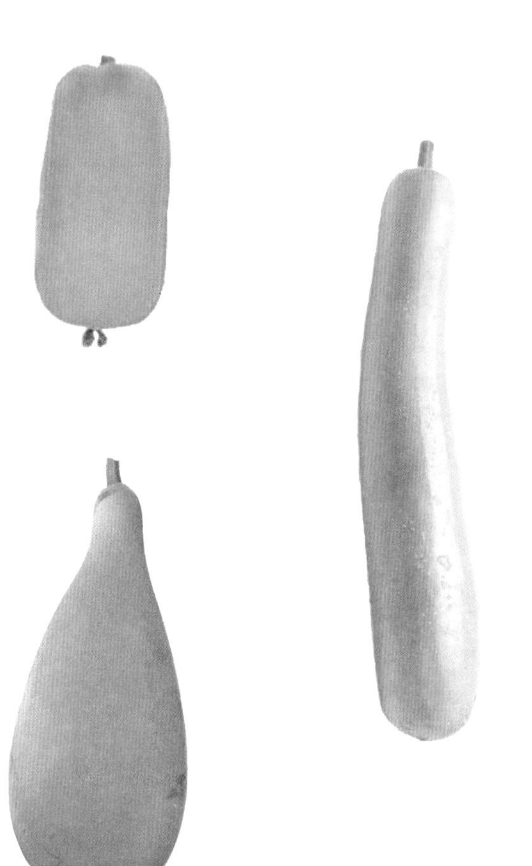

兰州小葫芦

此种葫芦一般径止五六厘米，小巧玲珑，圆美可爱。多为圆形或椭圆形，一头稍尖，椭圆者形如鸡卵，故有人亦称之为“鸡蛋葫芦”。还有的长得更小，仅如草莓大小，被称为“珍珠葫芦”。此种葫芦的种子形如小南瓜子，开黄花。每株结实甚多，成熟的小葫芦外皮为乳白色，打皮后即渐渐变成黄褐色。表皮甚薄，然质地坚硬细腻，十分光滑，稍加把玩，即光润如珠。传统上多用于雕刻或针画，笔画纤细，有工笔画之效果。近年也有人以之套模，制成微型器物或佛像，作项链或手串，甚为别致。

选自《中国葫芦器》

鹤颈葫芦

此种当为海外引进者，或曰“鹤首”，以前不曾见过。整体形如长柄葫芦，但柄之长短不一，或有二三十厘米，或有一米有余。此种最奇特之处在于葫芦之腹表皮凹凸不平，有暴起之筋纵横交错，如丘似壑，形成不规则形的突起。其名“鹤颈”，不知始于何时，可能来自日本。“鹤颈”、“鹤首”在日文中是同义词。日本人把瓷瓶中的长颈者，如中国所称之天球瓶一类，皆称“鹤颈瓶”，或曰“鹤首瓶”。因瓶颈甚长，如仙鹤之颈，故有此喻。鹤颈葫芦的取名亦应如此。其实，“鹤颈”本是古代汉语中的词汇，以鹤颈称葫芦亦很常见，最早唐朝诗人张说就曾用这个词来比喻长柄葫芦。他在《咏瓢》一诗中云：“美酒酌悬瓢，真淳好相映。蜗房卷堕首，鹤颈抽长柄。雅色素而黄，虚心轻且劲。岂无雕刻者，贵此成天性。”他在这里咏叹的是一个盛酒的“悬瓢”，即长柄葫芦而非此种。“鹤颈抽长柄”就是用“鹤颈”来比喻酒葫芦的长柄。不过，以“鹤颈”命名此种，除长柄外，与葫芦下部形状也有一定关系。它的下腹不像长柄葫芦那样为浑圆形，而是橄榄形的，蒂处还有一个尖头，十分像禽鸟的尾巴。再加上生长期间，它的长颈总是自然弯曲，整体造型就如一只体态优雅的仙鹤。当然，倘若把葫芦表皮上的凹凸纹路想象成仙鹤的羽毛，那就更觉得以“鹤颈”名之，实在是很贴切。“岂无雕刻者”一句，说明在葫芦上雕刻的工艺，早在唐代就已经出现了。

选自《中国葫芦器》

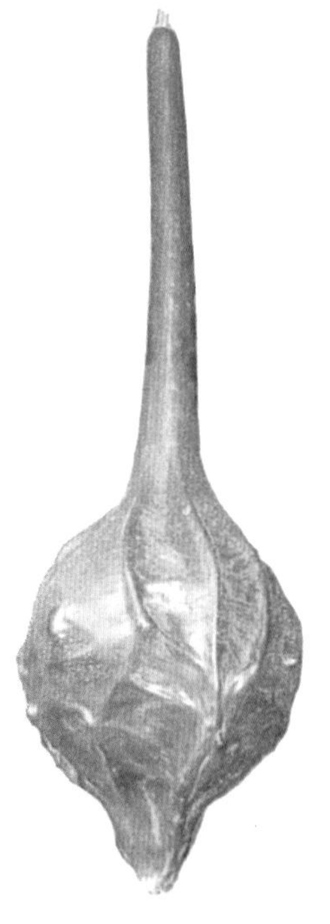

疙瘩葫芦

其形大小不一，小者如上文介绍的兰州小葫芦，大者如拳。此种葫芦最特别之处，是表皮上或密或疏长着大大小小的“瘤子”，状如苦瓜或癞葡萄，有一种奇特的美感。此种葫芦在中国古代出现过，还有用这种葫芦做成的鼻烟壶。清乾隆二十六年，皇太后庆七十大寿，在进贡的各种葫芦器中，就有“蓬山瑞种疙瘩葫芦一件”。此种葫芦当时虽然有，恐怕也是比较罕见的，如果很常见不会拿来当作为皇太后献寿的礼物。后来此品种似乎绝迹于我国，不见有人种植。但近些年此种再现，兰州、天津、河北均有种植。疙瘩葫芦在美国、日本为常见品种。疙瘩葫芦品种非一，有的甚至并非葫芦，而是南瓜类植物的果实。有人曾经把一个“疙瘩葫芦”拿给农学专家鉴定，通过对其瓤、籽、颜色、气味的考察，与人们平时食用的南瓜没有什么区别，结论是：从其果柄、种子以及果肉可以断定，这种“疙瘩葫芦”其实是南瓜。疙瘩葫芦与“疙瘩南瓜”的区别是，成熟干老后葫芦的皮质较坚硬，而南瓜皮则较软，使劲可以掐破。

选自《中国葫芦器》

二　生活中的葫芦

《三才图会》中的瓢杯图　　《三才图会》中的匏樽图

米瓢

面瓢

水瓢

台湾高山族的葫芦器皿

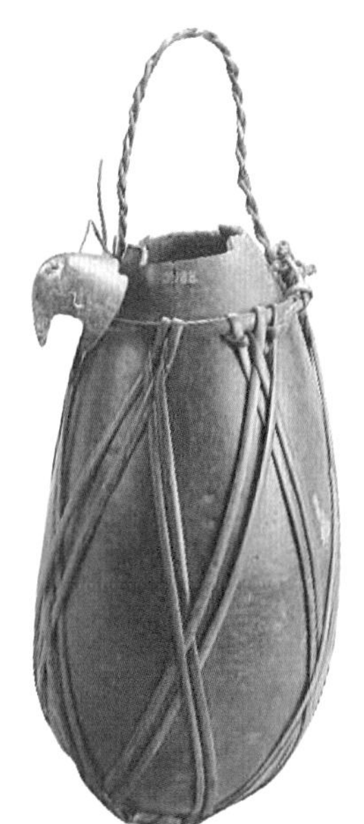

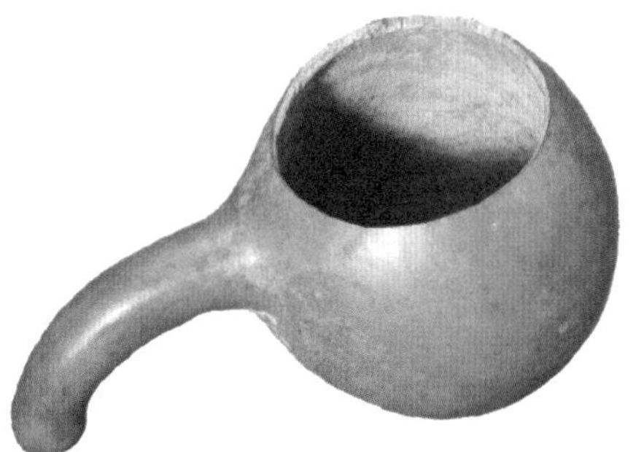

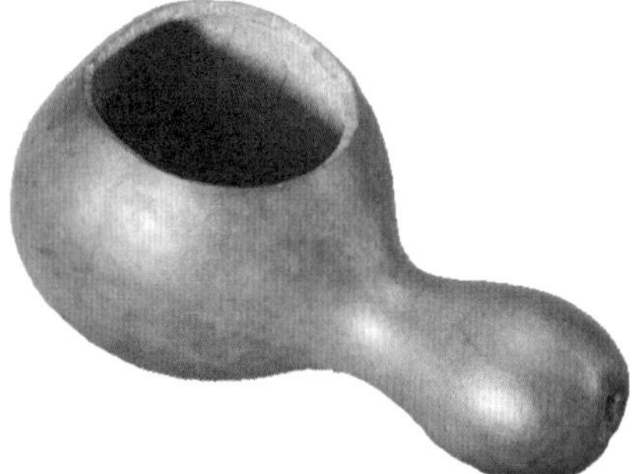

台湾高山族的葫芦器皿

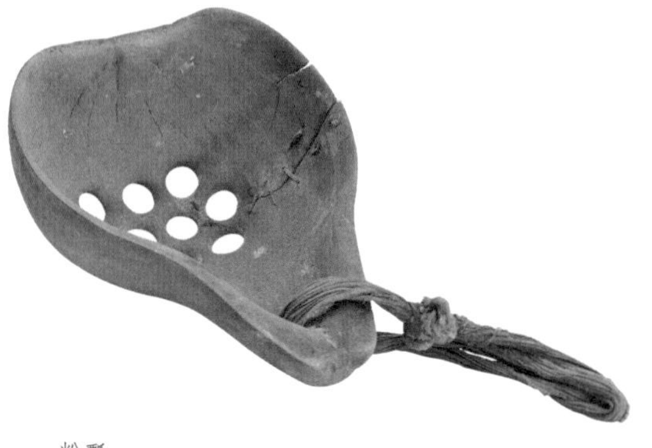

粉瓢

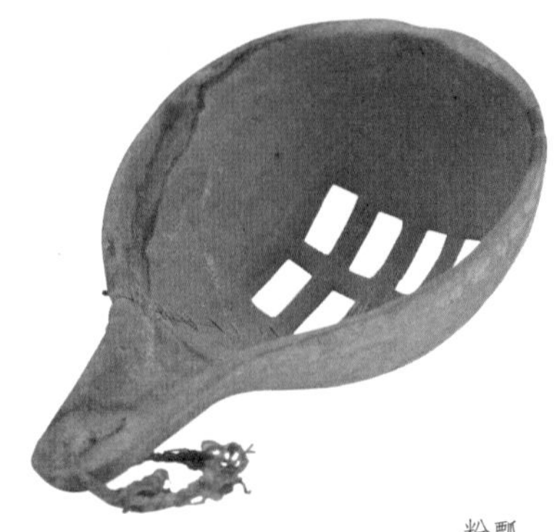

粉瓢

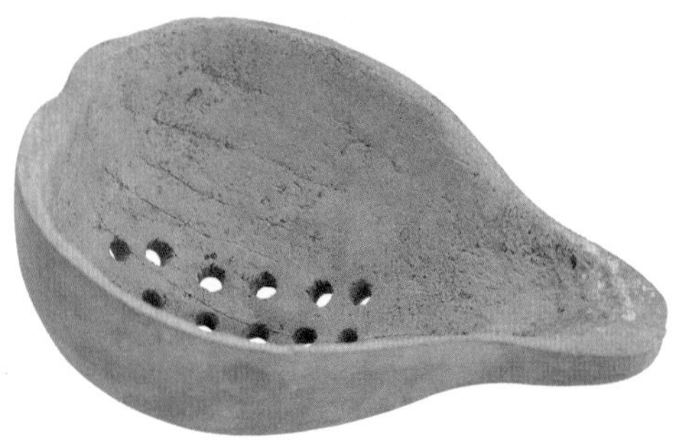

粉瓢

葫芦岛水葫芦（王建平提供）

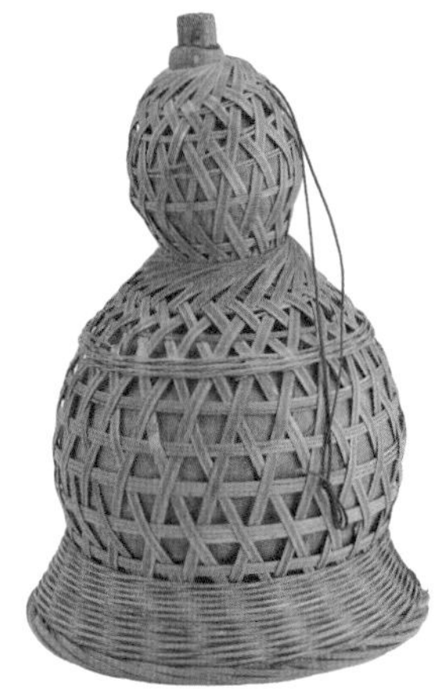

海南岛水葫芦（吴秀德提供）

拉祜族祭祀葫芦（李剑峰提供）

新疆油葫芦（葫芦画社藏）

桂林酒葫芦（赵银刚提供）

葫芦提子（赵秀德制）

沂蒙山区的葫芦罐

葫芦岛的葫芦罐

纳西族的葫芦罐

葫芦画社藏

《番社采风图》中的渡溪图

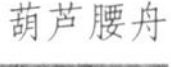

葫芦腰舟

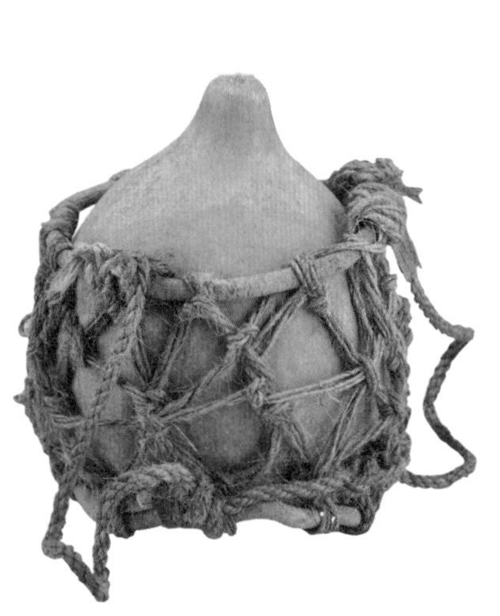

葫芦腰舟（付尚星制）

葫芦腰舟（付尚星制）

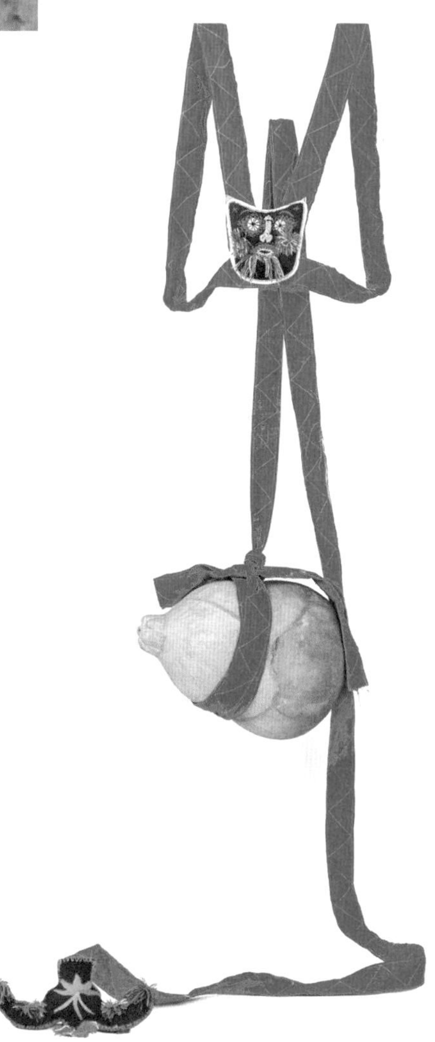

微山湖虎头绊子

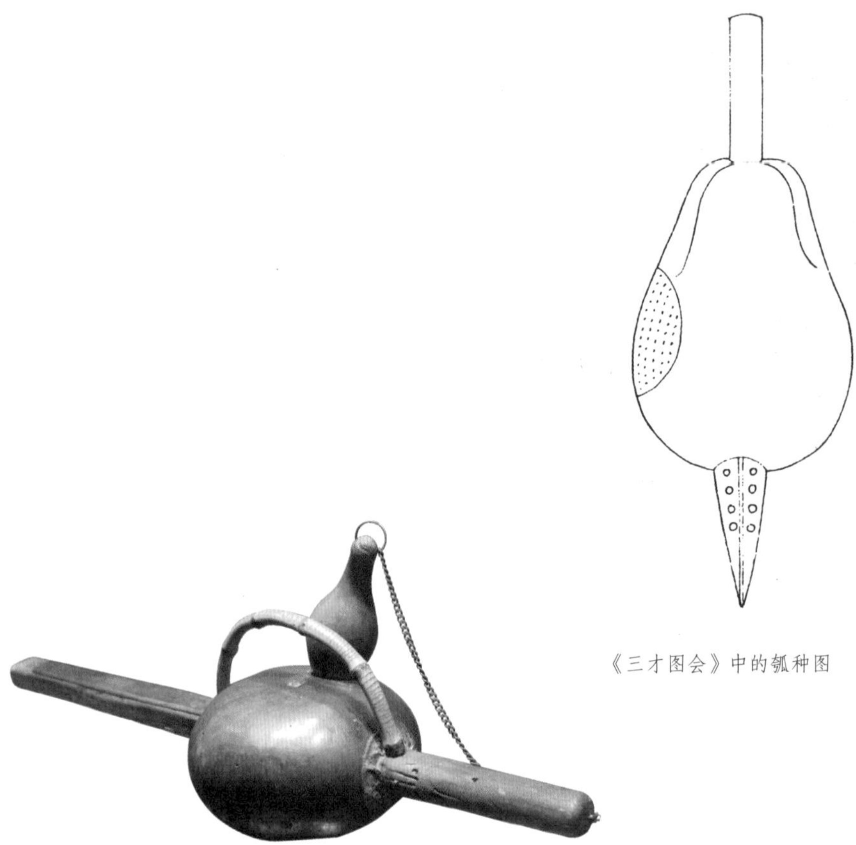

《三才图会》中的瓠种图

古代点种葫芦

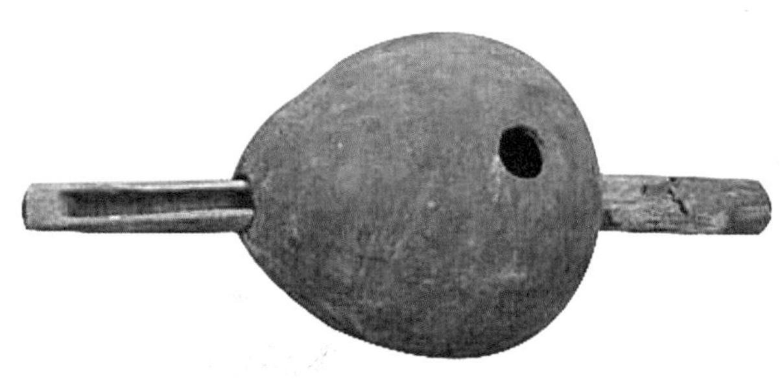

金代瓠种器

选自《中国葫芦器》

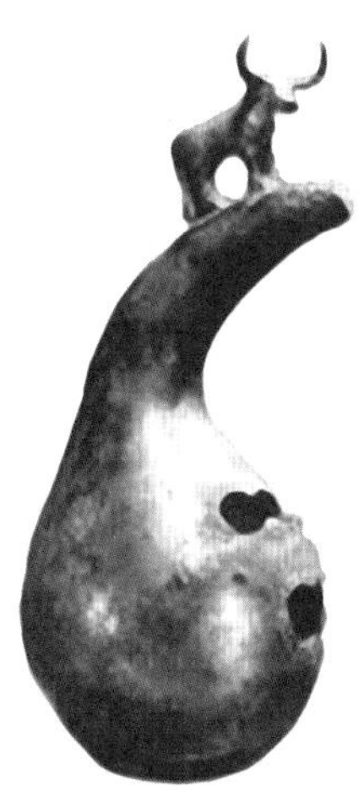

左图为云南石鼓上雕刻的古代吹奏葫芦笙的场面。右图系云南李家山出土的青铜葫芦笙，笙斗制成葫芦之形，显然是对葫芦笙的模仿。

根据出土文物仿制的汉代葫芦笙（谭维泗 2004）

南方少数民族的葫芦琴

刘炳臣与他的葫芦乐器（刘炳臣提供）

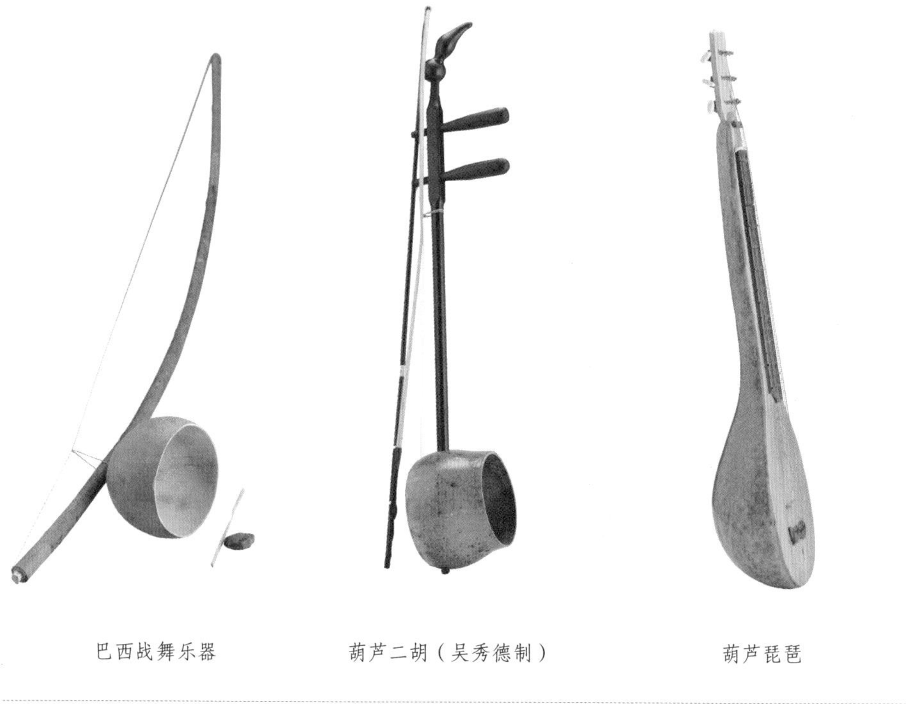

巴西战舞乐器　　葫芦二胡（吴秀德制）　　葫芦琵琶

葫芦画社藏

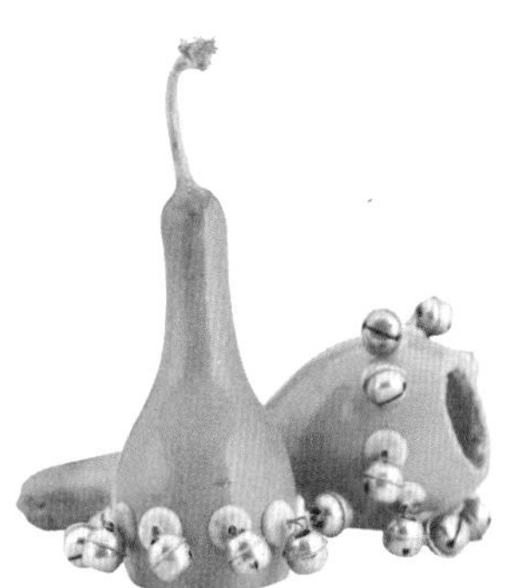

葫芦摇铃

葫芦沙锤（吴秀德制）

葫芦鼓

葫芦腰鼓

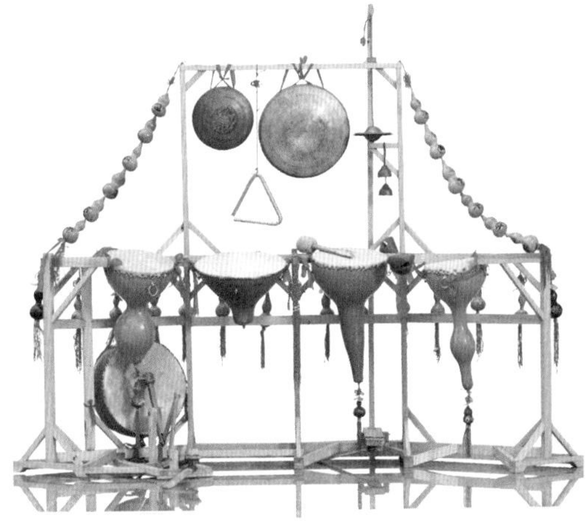

葫芦架子鼓

葫芦吉他

葫芦画社藏

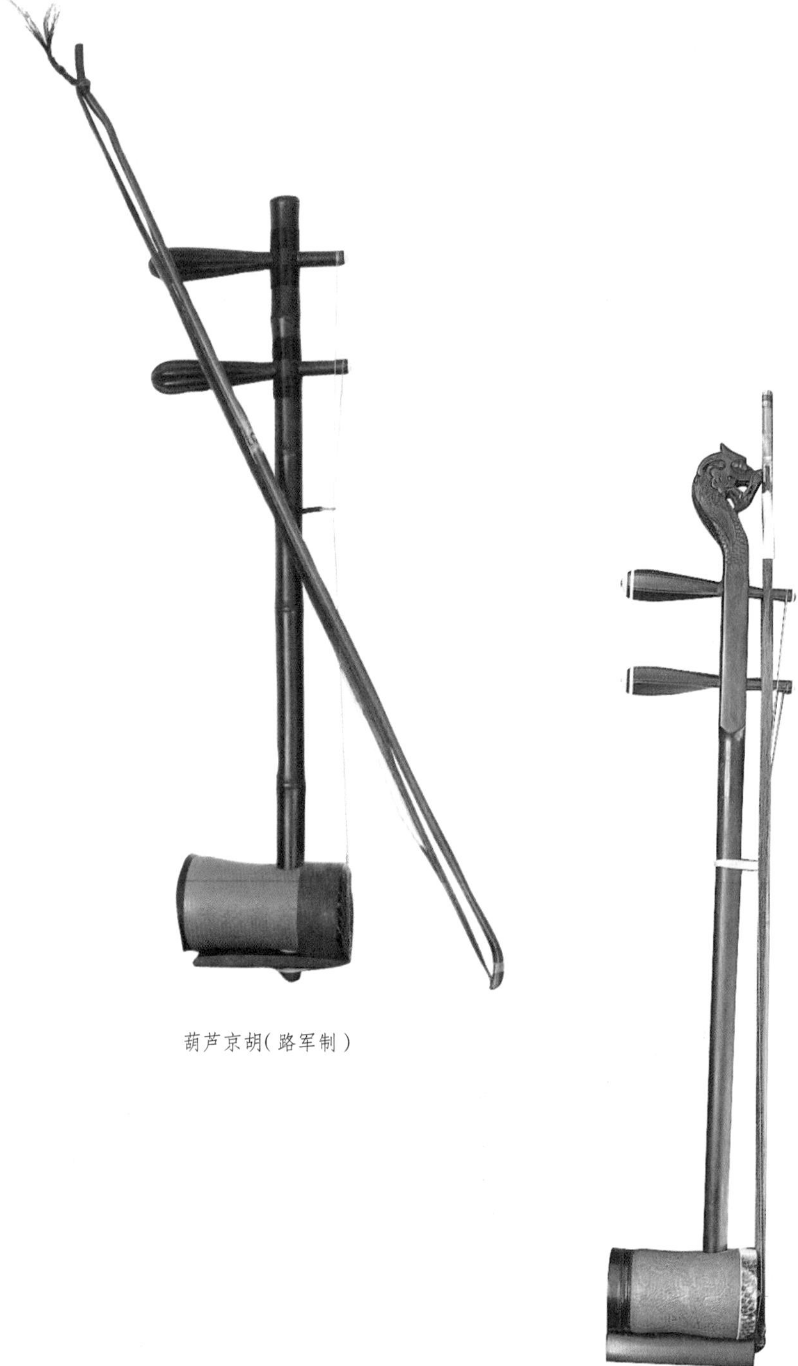

葫芦京胡(路军制)

葫芦二胡（路军制）

葫芦笛（路军制）

葫芦三弦（路军制）

贰

葫芦摆挂件

天然亚腰葫芦

上左品种较常见，无甚奇特处。上腹小下腹大，弯脖。上开口，有木塞。上右图为一具造型特别的亚腰葫芦，上下腹几乎相等，腰亦甚粗，若非尺寸过大，则截作养虫葫芦可也。把玩日久，光洁如镜。已开口，并配有象牙塞。

扎系亚腰葫芦

左具亦极端正，器身被勒成瓜棱形。上开口，有红木塞，拔出可知木塞乃一哨子，能吹响。

三瓠皆来自日本，据其皮色知其皆为古物。

选自《中国葫芦器》

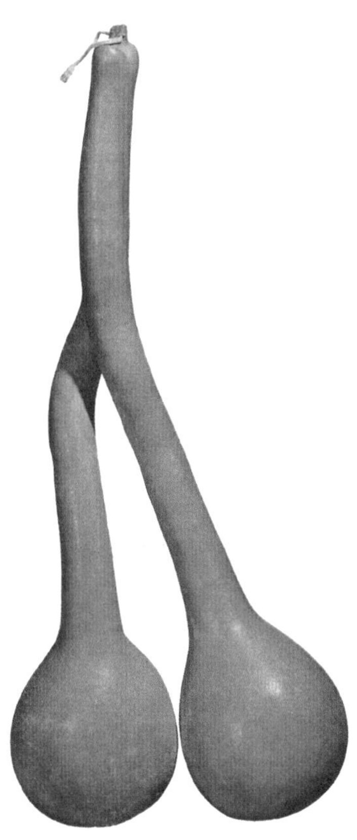

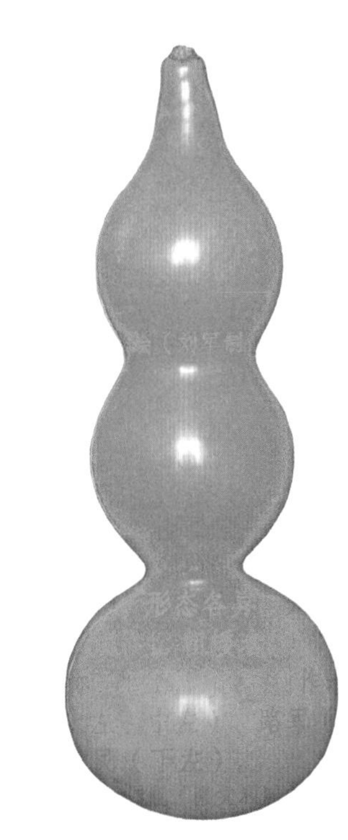

异形葫芦

上两种皆为并蒂葫芦，生长期间变异而成，大约与孪生人原理相似。长柄者现藏台北故宫，说明文字竟说是木雕葫芦，看来专家们也很少见到，故认为是以木雕成的。其实类似者不少，大多为上右图所示之亚腰葫芦。近年也有人通过“动手术”的方式，将两个生长期间的葫芦割破表皮，捆绑在一起，但一般可以看出。右三腹葫芦，若是天生如此，亦当为变异无疑。

选自《中国葫芦器》

系扣葫芦

三器皆老葫芦。上器柄甚长，系扣并不难，已将单肚扎成双肚。右器柄短，系扣较有难度。尤可注意者，肚上系痕不是在中间，而是偏向一边，显欲造成某种造型。万永强藏。

选自《中国葫芦器》

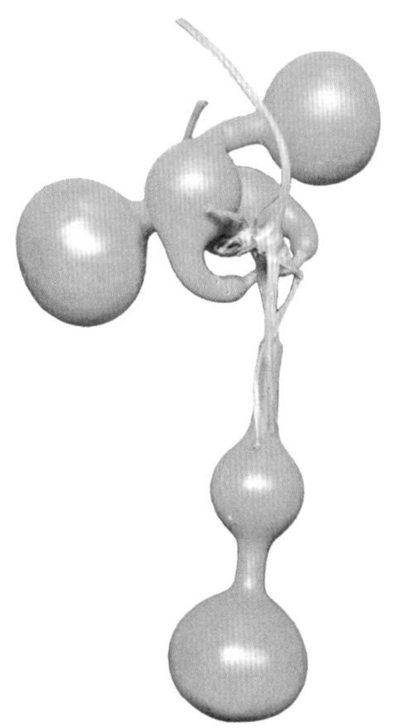

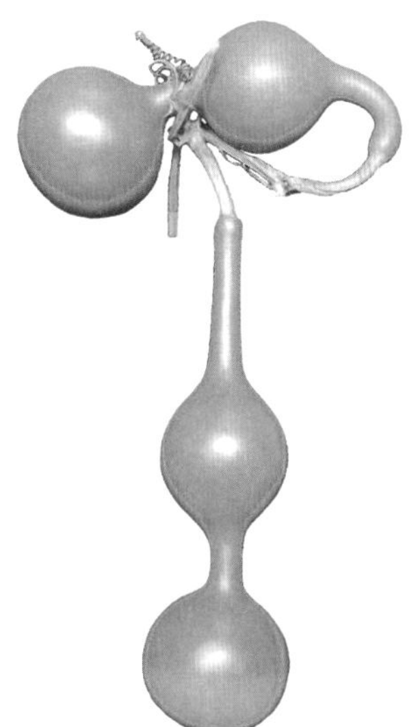

“在理教”葫芦

图中的葫芦既有天然形状，亦有人工扎系。现为天津张国新所藏。据闻其祖为“在理教”信徒，此教视葫芦为法器，有葫芦崇拜之倾向，喜收藏各式葫芦。

选自《中国葫芦器》

“在理教”葫芦

更怪的是，“在理教”不但收藏单个的葫芦，甚至将整株葫芦原封不动地收藏于玻璃匣内。可以想象，此株小葫芦应是在花盆内栽种的。据闻诸器制成于清末民初。将生长中的亚腰葫芦扭曲变形，以形成各种造型。相对而言，此种工艺比较简单，容易掌握。唯此种柄、腰皆如此细长而容易扭曲的亚腰葫芦，现在似乎很罕见。此为天津张国新所藏。

选自《中国葫芦器》

系扣葫芦

左器为一系扣老葫芦，器高近三十厘米，现在民间称此种为“八字扣”，比单系扣制作复杂。此器现藏于山东莱芜孝义村，为当地明末名士刘洞九家族所有。因从未盘弄，故皮色虽老而觉干涩，葫芦之美无以体现，甚觉可惜。

扎系葫芦

以网扎系葫芦，要根据葫芦的大小，以决定网子的大小。相对而言，网子小则勒痕浅。左以长柄葫芦套制，右以亚腰葫芦套制。

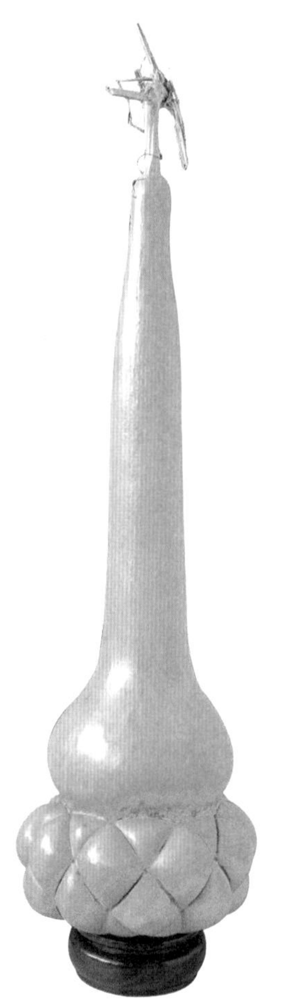

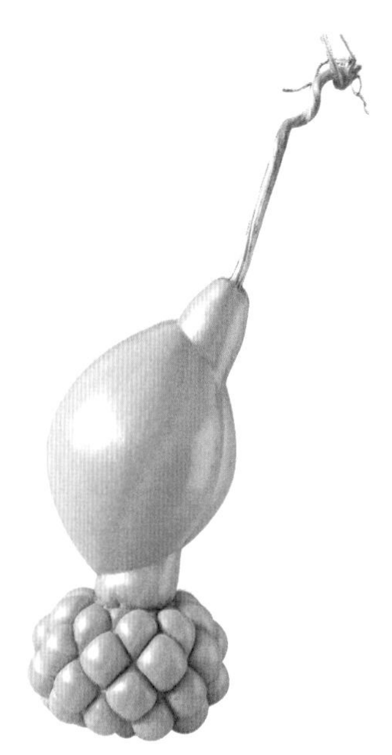

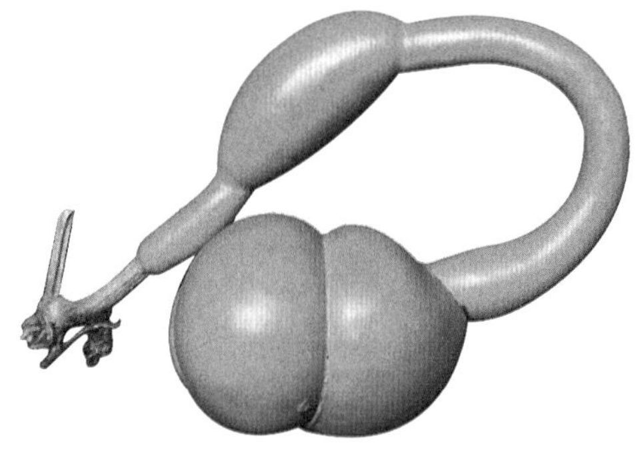

睡天鹅

此具扎系方法较简单，以绳子扎在葫芦的不同部位即可。此器各部比例适中，形象逼真，极像一只正在沉睡的天鹅，故名之曰“睡天鹅”。

选自《中国葫芦器》

系扣葫芦

三器皆上世纪 90 年代所制，手法相同而大小悬殊，上右最大，高约 50 厘米；下左最小，才 15 厘米，皆藏作者手中。从 49 页至 52 页诸器，皆孟昭贤制。

选自《中国葫芦器》

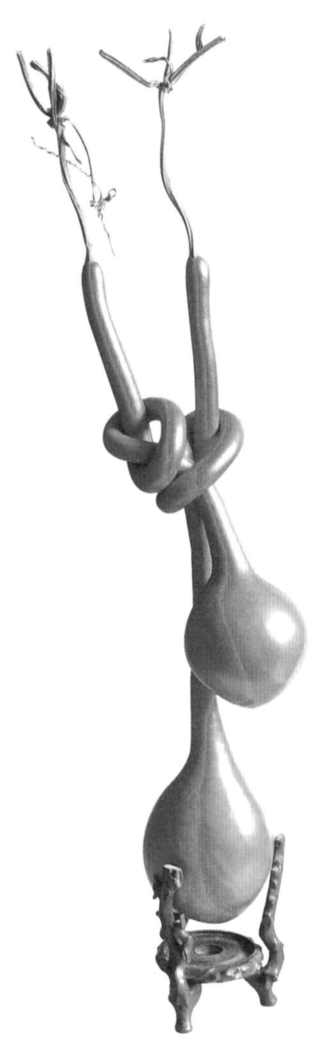

系扣葫芦

若葫芦生长期间二枚相近，即可将二者挽系在一起，形成双系扣。根据葫芦的大小，可以有不同系法。

右具器腹纹路乃天然长就，此系长柄葫芦与鹤首葫芦杂交而成。天然鹤首葫芦亦有柄甚长者，然底是尖头，不若杂交圆浑可爱。

选自《中国葫芦器》

系扣葫芦

上左两葫芦形状大小完全相同，挽结手法亦甚高超，故成器后十分端正。上右两葫芦一大一小，平放不匀称，竖放如人形，别有意趣。下器很特别，初系时二葫芦形状相类，不想系成生长一段时间后，形状大小竟愈发不同，长成后不知像何物。但经如此摆放，颇能引人联想。

选自《中国葫芦器》

系扣葫芦（崔海东制）

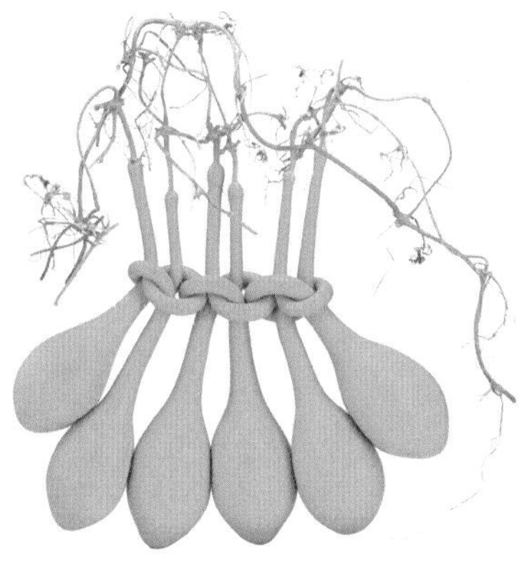

系扣葫芦（赵银刚制）

系扣葫芦（崔海瑞制）

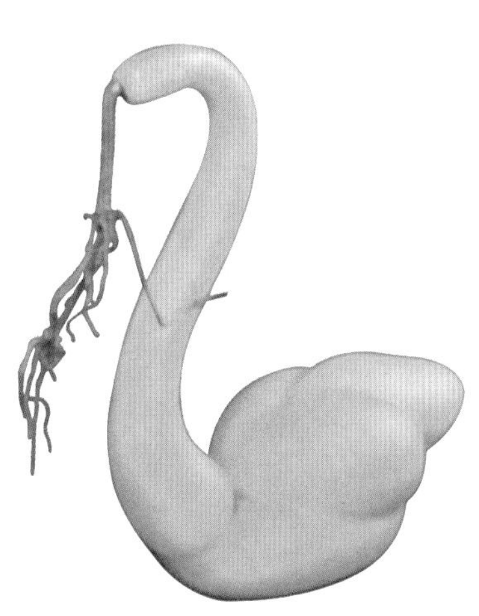

勒扎葫芦　天鹅（刘显珍制 葫芦画社藏）

葫芦火绘　十八罗汉

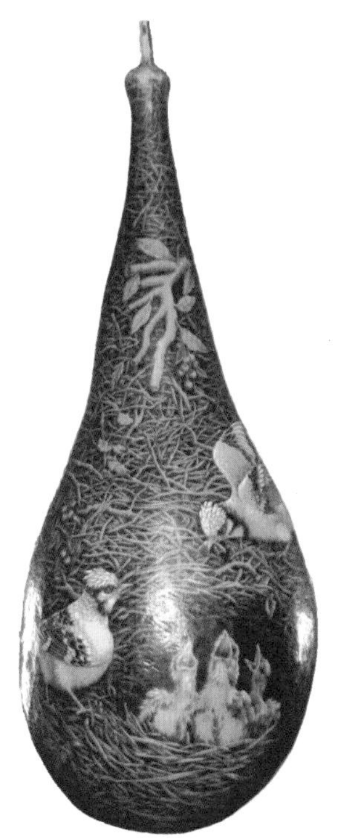

葫芦火绘　鸟巢（孙志刚绘）

葫芦火绘　熊猫（孙志刚绘）

葫芦火绘　齐白石

葫芦火绘　鲤鱼跳龙门（刘建伟绘）

葫芦火绘　虎

人物肖像（徐宝玉绘）

葫芦火绘　动物四种

火绘瓢

瓢极端正，皮质干净细腻，色黄。火绘唐韩干牧马图，用笔严整精确，线条简明，突出了马匹膘肥体壮、神骏出众，以及人物的安详神态；二马黑白对照，更见精神，较好地再现了原作的风格，应属火绘精品。

火绘亚腰葫芦

大亚腰葫芦，长得端庄厚实。上绘二祖调心图，乃仿范曾画意。构图准确，线条流畅自然，颇得原作神韵。数年前山西陈胜前来造访，送此葫芦作为纪念。因皮质上佳，故变色甚速，几年间已成焦黄矣。

火绘葫芦鱼

上右图摄于聊城首届葫芦文化节。葫芦生长变异，形如鲤鱼，再加巧手火绘，形色兼备，甚有奇趣。

火绘观音像

火绘吉祥如意

漆雕唐老鸭

漆雕建筑

选自《中国葫芦器》

火绘花鸟小葫芦 （王涛提供）

葫芦火绘　五福图

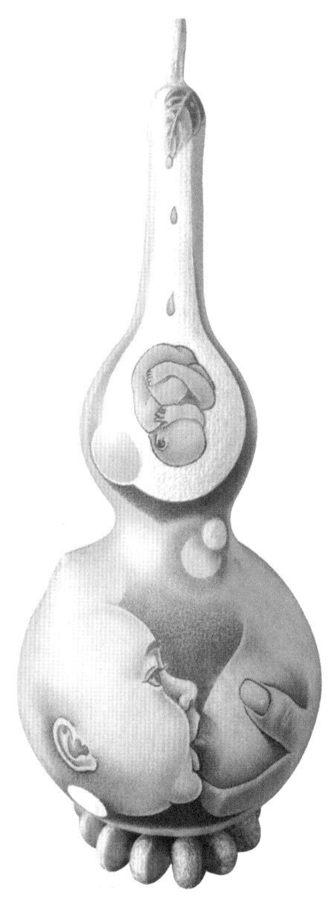

葫芦火绘　母爱（于文正绘）

葫芦画社藏

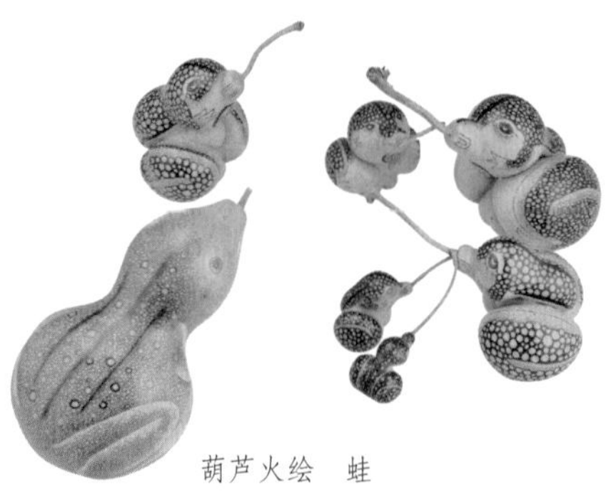

葫芦火绘　蛙

葫芦火绘　鱼

葫芦火绘　唐装

葫芦画社藏

葫芦火绘　枫叶

葫芦火绘　风调雨顺

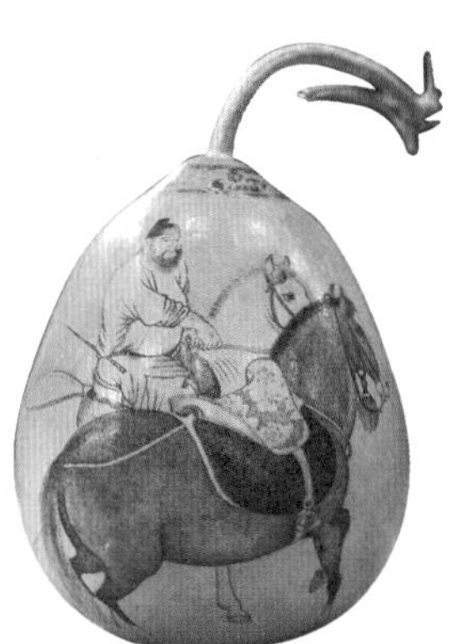

葫芦火绘　牧马图

葫芦火绘　跳绳

火绘　十八罗汉龙壶

火绘　童子闹年掐丝壶

火绘　鼻烟壶（刘卫东绘）

髹漆葫芦六方瓶

髹漆葫芦天球瓶

髹漆葫芦壶

选自《中国葫芦器》

彩绘葫芦瓶

彩绘葫芦罐（丰博绘制）

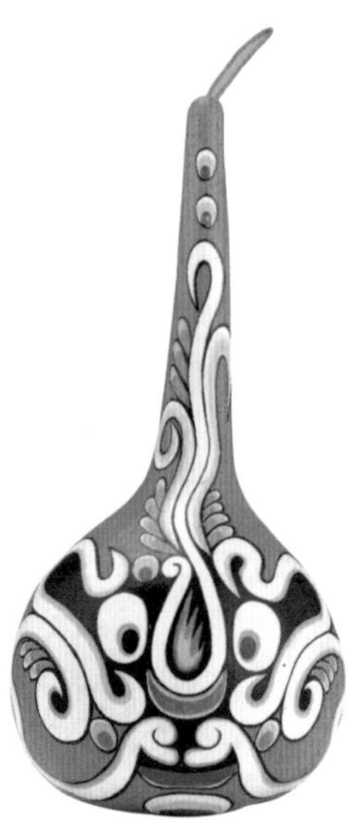

彩绘葫芦吞口

彩绘　牡丹花

葫芦画社藏

彩绘葫芦瓶（丰博绘）

彩绘葫芦罐（丰博制）

彩绘葫芦

邹城田黄三仙山（葫芦画社藏）

彩绘茶叶筒

彩绘葫芦茶叶罐

彩绘葫芦　三英战吕布

义珺轩葫芦文化博物馆藏

彩绘葫芦花瓶

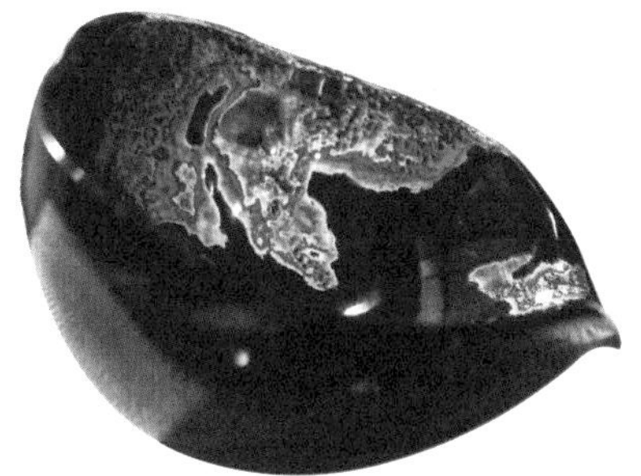

彩绘瓢二种

彩绘葫芦　画龙点睛

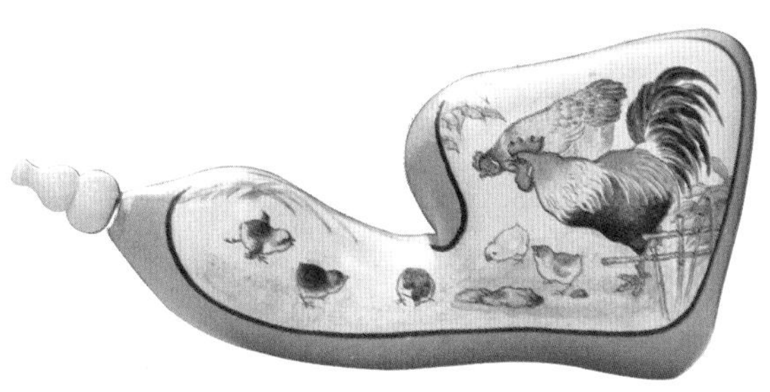

彩绘　鸡

义珺轩葫芦文化博物馆藏

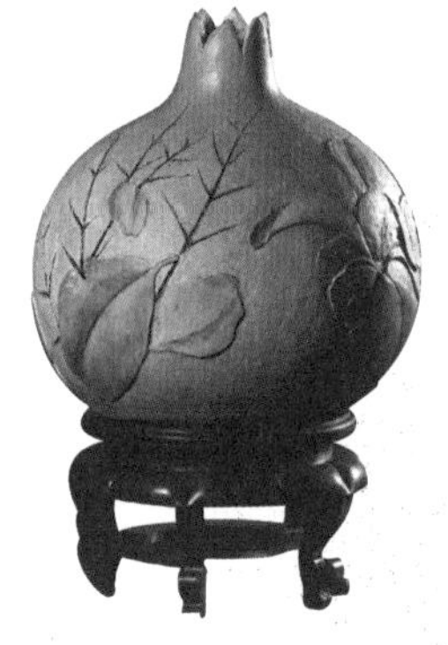

葫芦彩雕　石榴

葫芦彩雕　瓢虫

葫芦彩雕　壶

葫芦麦秆画（吴纪青制）

葫芦彩雕　五福娃（丁敏安制）

葫芦雕刻　福寿罐

葫芦雕刻　弥勒佛

葫芦雕刻　仕女

葫芦雕刻　观音

选自《中国葫芦器》

葫芦雕刻　招财童子

葫芦雕刻　双狮戏球

葫芦雕刻　台灯

选自《中国葫芦器》

珐琅葫芦瓶

葫芦彩雕　果盘

浅雕　葫芦瓶

选自《中国葫芦器》

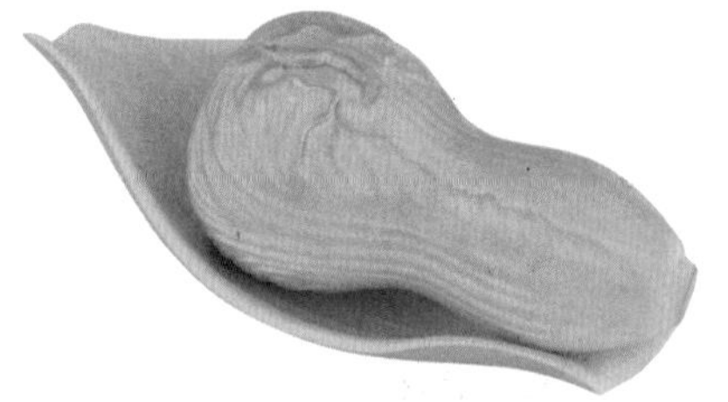

葫芦雕刻　白菜（郑志开雕）

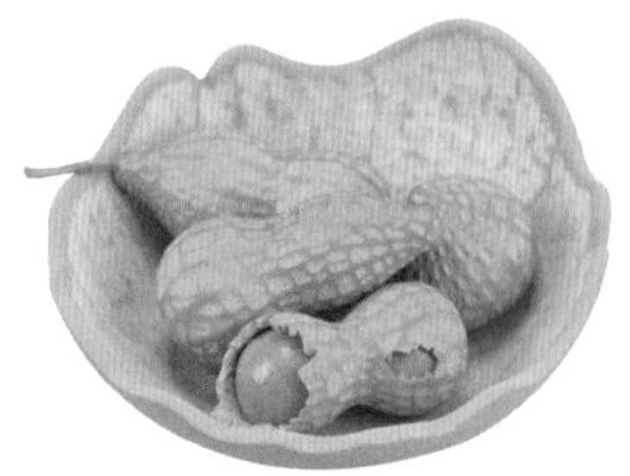

葫芦雕刻　花生

葫芦雕刻　报春图（丰博雕绘）

葫芦雕刻　寿（葫芦画社藏）

葫芦雕刻　别（义珺轩葫芦博物馆藏）

葫芦雕刻　课童（义珺轩葫芦博物馆藏）

葫芦雕刻　图案（枣庄福禄文化艺术馆藏）

葫芦雕刻　门神（义珺轩葫芦博物馆藏）

葫芦雕刻　岁月（陈淑熙雕　葫芦画社藏）

葫芦雕刻　竹筒（陈淑熙雕　葫芦画社藏）

葫芦雕刻　八仙（邹城田黄三仙山葫芦画社藏）

葫芦雕刻　福（邹城田黄三仙山葫芦画社藏）

葫芦雕刻　山居对弈图

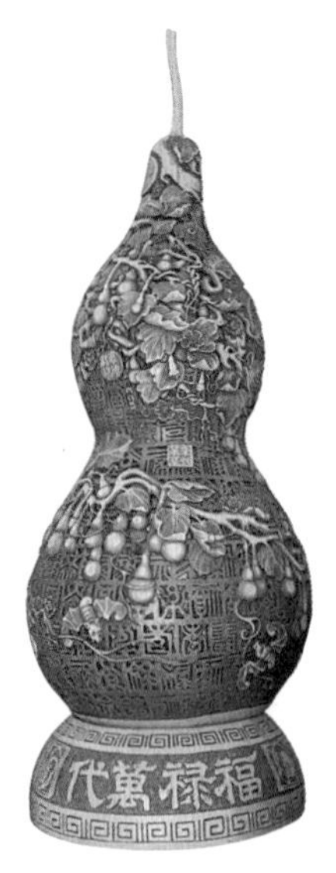

葫芦雕刻　葫芦万代（郑志开雕）

葫芦镂雕　福寿二种

镂雕彩绘葫芦（孔宪明雕绘）

葫芦雕刻　荷（高子荣雕）

葫芦画社藏

葫芦镂雕　百寿

葫芦镂雕　千福

葫芦镂雕　鱼篓

葫芦镂雕　台灯（张冰雕）

葫芦彩雕匜（刘龙雕绘）

葫芦彩雕　鹭鸶（刘龙雕绘）

葫芦彩绘（刘军制）

葫芦雕刻瓶（张文利雕绘）

葫芦画社藏

阮光宇针雕　山水

针雕　十八罗汉

针雕　观音

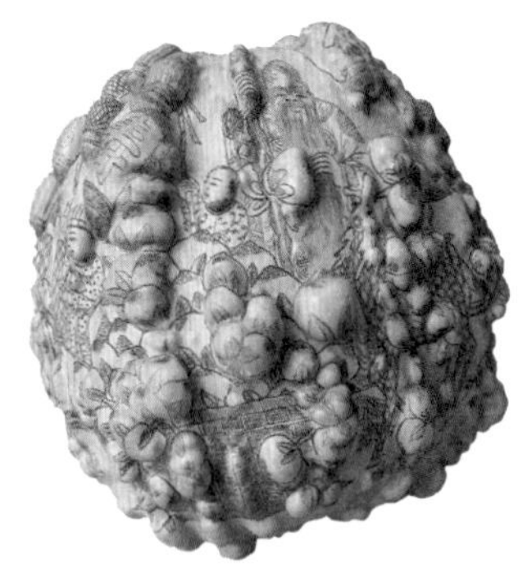

针雕　百子图

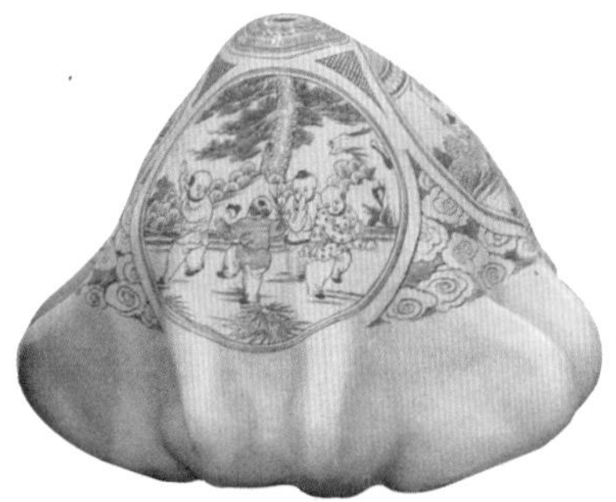

针雕　嬉童

选自《中国葫芦器》

针雕　百子图

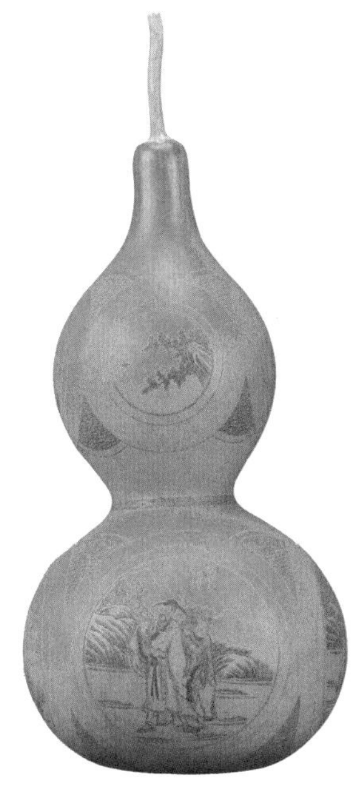

针雕　山水（王涛提供 葫芦画社藏）

针雕　山水

针雕　山水（义珺轩葫芦博物馆藏）

针雕小葫芦四具（王涛提供）

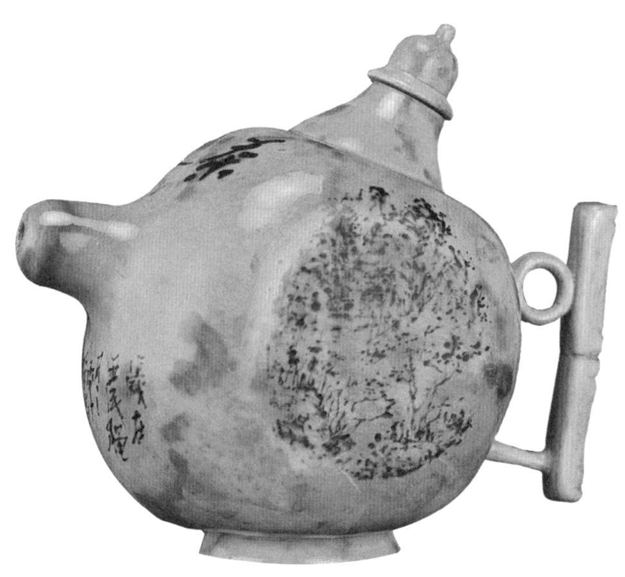

火绘拼接葫芦壶（张文利制）

拼接葫芦动物

用不同品种的葫芦，截取其不同部位，组合成各异的动物造型，再以各色颜料彩绘。作者能抓住各种动物形象的特征，或夸张，或变形，造成极其传神的效果。下图以相同的方法拼接为葫芦茶具，颜色素雅，朴素自然。

选自《中国葫芦器》

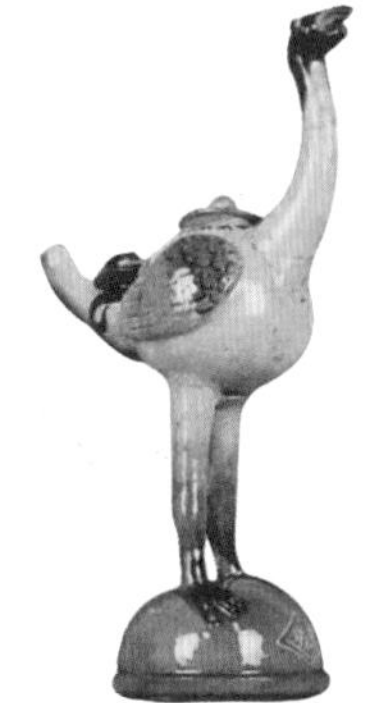

陈宝龙制

张冰制

拼接葫芦茶壶

右器皆以天然葫芦裁切拼合而成，工艺相对较为简单。

下器瓜棱形壶先以大小相当之扁圆葫芦扎系成壶身，再以亚腰或长柄葫芦的相应部位截成壶嘴及把，以小圆葫芦之半配盖。皮质厚实，皮色干净。

下具拍自新疆，以新疆大亚腰葫芦拼接成巨型花壶，再加雕刻染色，造型、图案、色彩，皆极具民族风格。

选自《中国葫芦器》

叁

模制葫芦器

一　文房把玩

清宫缠枝寿字纹葫芦碟

此为清宫所范匏碟。二具外部所饰纹路皆同，上沿饰回纹，下为卷草纹绕团寿字图案五组。上具碟内涂黑漆，下具以黑漆为底，上沿饰以金漆花瓣纹，碟心绘以折枝花卉团花。二碟有圈足，内有阳文楷书“康熙赏玩”四字款。二具大小有别，皆小巧精致，纹饰清晰，为宫廷匏器中之精品。

清宫团花纹葫芦碗

二器皆敛腹圈足，一敞口一撇口。外壁上沿各饰回纹。上具腹饰夔龙捧团寿字纹一周共6组，下具饰蕃莲及卷草纹5组。内壁髹黑漆，上具绘金漆团花，下具则满布文字，为阴刻御题诗："葫芦椀逮百年矣，穆如古色含表里。摩挲不忍释诸手，'康熙御玩'识当底。"十八句一百四十四字。末署"乾隆乙巳仲夏月上浣恭题御笔"及"古稀天子"篆书方印。此诗后载《高宗御制诗》五集卷一六，题作《恭题壶卢椀歌》。

砑花葫芦碗

葫芦碗，乍看形甚端正，实则并非模制，乃以拼接法粘合而成。其法是截取葫芦的适当部位，补底，加圈足，碗里再以黑漆髹涂。仔细观察，可以看出两侧并不完全对称。碗口砑回纹，碗身砑花为常见福寿纹。

上图二碟，模制而光素无饰，只碟口外沿轻砑弦纹两道。

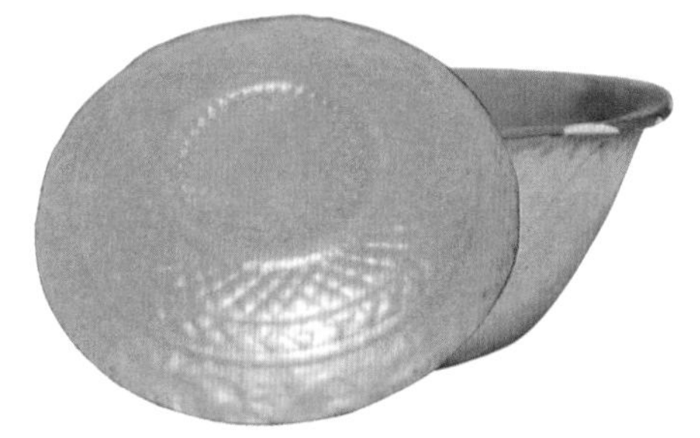

模制葫芦碗碟

右为一碗一碟，皆以现成的玻璃碗翻模套制，图案皆几何纹。生长稍有不足，故纹路较浅。

回纹葫芦碗

此为上世纪 90 年代较早成功的仿制器。彼时长柄葫芦较少见，故套制碗盘类皆以小型瓢葫芦为之，因皮厚而致纹路不甚清晰。

选自《中国葫芦器》

模制葫芦碗

二具皆近年所制，碗不甚大，器形规整。上具上下沿皆饰以回纹，碗腹为勾莲纹。下具器形端庄圆正，雕模精细，器身中间雕宝相花，四周枝叶相缠绕。二具生长甚饱满，应属模制葫芦碗中的精品。近年拍卖行经常作为清宫制品高价拍卖者，即此二器。

选自《中国葫芦器》

砑花莲花形葫芦碗

碗成莲花形，六瓣，口大而撇。碗口外沿砑回纹，每瓣砑花卉文字。中为其反面。制模甚巧妙，若沿莲花的边缘裁切，则碗可成花口状如下具。

选自《中国葫芦器》

花模葫芦碗

上具为新出模者，尚未锯开进行后期加工。制模有巧思，上下各一碗合为一模制出，一葫芦可出两具，充分利用了葫芦的材质。然上器碗底后期必须镶以木板，再以大漆髹涂。器形及图案设计皆仿清宫，端庄大方而又精致，雕工亦细腻入微。黄全华制。中器丁国武模制，图案仿宫廷瓷器，为锦地花卉。下二具为一对，北京靳建民制，器形规整，纹路亦甚饱满，图案为缠枝牡丹。

砑花葫芦罐

二具皆以长柄葫芦模制，器形相同，耸肩收腹，镶红木扁口，形如围棋罐。上具沿砑如意纹，器身有山林人物图二幅，均两两相对。刀法有力，山石古松之形尤显古气。题诗为唐杜甫《秋兴八首》及刘禹锡《观棋歌送儇师西游》各二句："闻道长安似弈棋，百年世事不胜悲"；"行尽三湘不逢敌，终日饶人损机格。"
中下为另具之两面。器身图案为渔樵耕读，并有行书题诗，系移用清戴熙画题诗："桐阴一径凉如水，莲叶半溪香胜花。"

选自《中国葫芦器》

砑花葫芦炉

清宫有葫芦海棠炉，此为近年仿品，系天津治匏名家路军所制。每瓣砑花卉一种，为梅、荷、菊等。

据有关资料，清宫葫芦器中有香炉，不见。下二具为天津近年所出，器形仿铜炉，模制工艺高超，三条炉腿尤见功夫，不但设计大胆，效果亦好。清宫葫芦制作工艺虽高，但不见此种高难技艺。皮色系人工所为，然效果逼真。炉内漆里。器身砑佛八宝，炉沿为如意纹。王大千砑花。

选自《中国葫芦器》

模制仿古葫芦鬲炉

现代葫芦器如何在模仿的基础上创新？靳建民的这几件仿古作品，无论器形还是装饰图案，应该对葫芦工艺从业者有所启发。三足鬲的造型、纹饰，显得庄重、大器、威严，不输青铜器。其他几具小炉虽然器形较小，然皆十分精致耐看。尤其是三足鬲与二具炉的双耳，既运用传统工艺，又出现了令人意外的艺术效果。

杨金凤提供

篆书文天鸡耳炉

三足立式炉

三足桥耳炉

三足朝天耳炉

模制葫芦水洗

洗为扁形，收口。器身光素无文，唯雕一壁虎趴于口沿，作向洗内探头状。全器设计简洁明快，给人以清新自然之感。
中器为上世纪 90 年代天津张才日制，器形甚大。彼时大型长柄葫芦极少见，故以瓢葫芦套制。因瓢葫芦皮质太厚，故细小纹路很难长出，只好再研花补救之。器身为师本放所研山水人物图。
下器陈大刚制。器形规整饱满，纹路亦清晰。器身图案为缠枝牡丹，上沿饰如意纹。

选自《中国葫芦器》

葫芦小罐

前四种器形甚小，后一具稍大。上右疑为嗽盂黑虫葫芦裁去有毛病的上部而成。几种大小有差别，但皆小巧玲珑，适于握之手中以作把玩。后一具稍大者原素模，器形稍欠，然器身师本放仿陈锦棠研花极细腻。

选自《中国葫芦器》

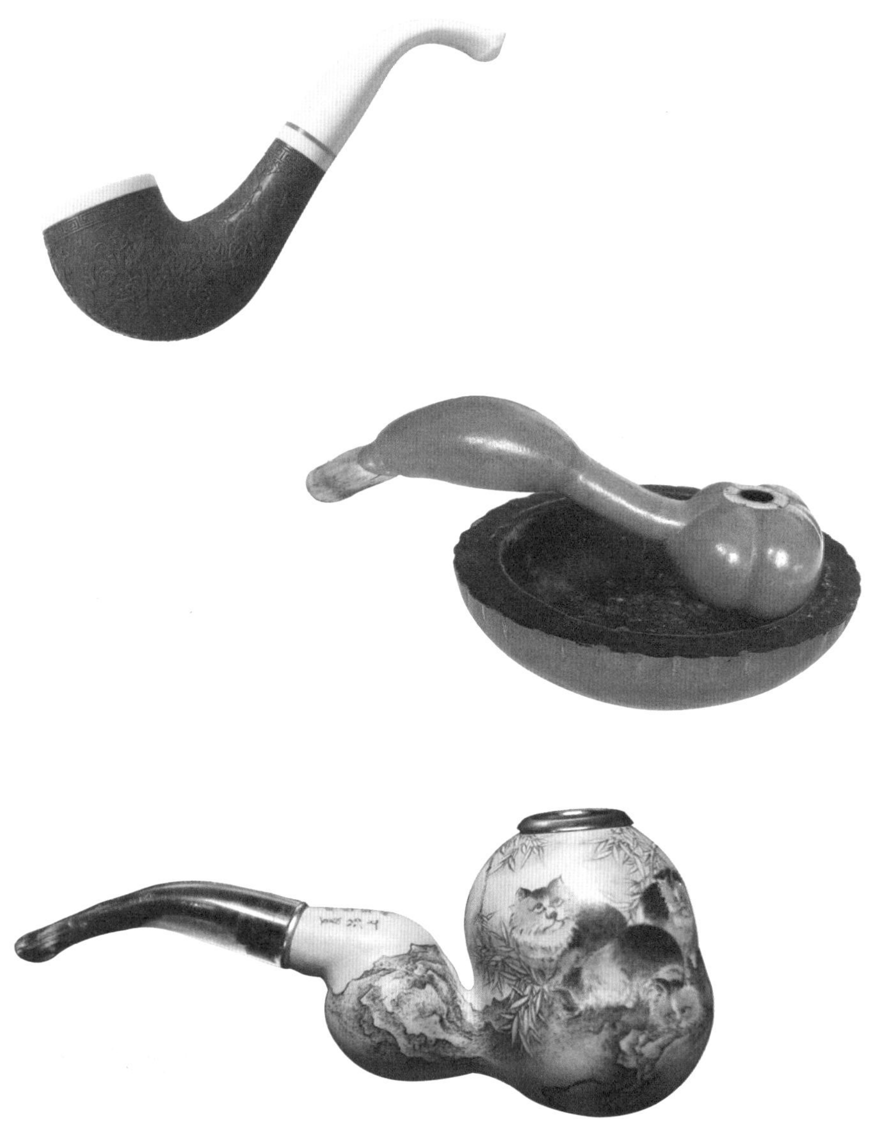

葫芦烟具

上器巧妙利用一长弯的瓠子上端，斗与嘴皆镶以象牙。王清云研花。
中二器以不同方法制成。葫芦烟斗乃勒系法，于葫芦生长期间，于不同部位以绳扎系，即成此效果。烟碟则模制后再加填腻涂漆而成。
下器亦勒系而成，刘卫东火绘富贵耄耋图。

康熙御制葫芦水盛

水盛，亦作“水丞”。器为正方形，平肩圆口，口缘镶玳瑁边，内髹黑漆。四面各模印阳文鹿鸣、鹤舞、衔芝等景，纹甚清晰。底心模印阳文双行楷款：“康熙御制”。鹤、鹿皆为瑞兽，隐喻“寿”、“禄”。此器并不完美，上沿四棱没有长满，故呈圆弧形。现藏台北故宫博物院。

康熙御制葫芦笔筒

此笔筒为清康熙间宫廷所制，乾隆有《咏葫芦笔筒》诗记其事，诗中有注谓“此筒尤为天质完美”，“筒上有阳文铭，用成公‘经纬天地，错综群艺’之句”等语，并谓“是器乃皇祖所赐也”，可知此器为康熙赠给乾隆的礼物，时间约在康熙末或稍后。现藏台北故宫博物院。

康熙款诗文八方笔筒

笔筒以八棱柱分隔为八方形，口微内敛，造型朴素清雅。筒身八面刻阳文楷书唐诗一首："山中有流水，借问不知名。映地为天色，飞空作雨声。转来深涧满，分出小池平。恬澹无人见，年年长自清。"此为唐代诗人储光羲的《咏山泉》诗，表达了作者隐逸自娱的情怀。器底字迹模糊不清，隐约可辨"康熙赏玩"款识。

乾隆款云蝠捧寿纹方笔筒

此二器同模所出，四方折角，每面中间一圆形"寿"字，以蝙蝠及云纹团团围绕，寓意福寿。器形规整大方，纹饰清晰，器底边框内有阳文楷书"乾隆赏玩"款识。像前二具一样，皆为清宫文房精品。二器虽同模，但因葫芦生长不足，左器肩部纹路没有范出，但器身花纹则比右器突出。由此可知，左器所用葫芦相对于右器，应为粗而短者，以致四周饱满而上部不足；右器葫芦生长较为均匀。

康熙御用葫芦砚盒

此为康熙朝所制葫芦砚盒，椭圆形，纹路清晰，生长饱满。盒盖无花脐，可知乃以一只葫芦左右两模夹制而成。沿以玳瑁镶之，内涂大漆。现藏台北故宫博物院。

道光御用葫芦砚盒

此为清道光皇帝御用之物。盒只有盖，扁方形，四周雕万字纹，上部四周为一弦纹框，框内有陆机《文赋》中的两句："收百世之阙文，采千载之遗韵；谢朝华于已披，启夕秀于未振。"葫芦生长稍有不足，故棱角并未长满而成圆弧形。现藏故宫博物院。

素模研花葫芦笔筒

上二具器形较小，仿虫具中的滑车形，上下阔而中部微凹，上下沿各有一凹圈以作装饰。黑漆里，口镶薄牙圈。整器小巧而素雅，置于案头，赏心悦目。另一器应是同模所出，因裁切部位偏下，故外形有不同。器身研花山林图，山峦起伏，枝干嶙峋，刀法熟练而老到。下二器大小高矮比例适中，既作观赏，亦能实用。一器身研山林图，构图场面开阔，疏密远近皆有布置，近处山石尤觉形象。另器应为同模所出，研花风格亦相同，款作“行有恒堂”，乃伪题也，实则师本放所研。“行有恒堂”本清道光间景德镇瓷器名款，堂主为第四代定王载铨。

花模葫芦笔筒

器身细而长，雕湖光山色图案，雕工较粗，故纹路不甚清楚。器身有六条模痕，可知制模一如养虫葫芦，非近年的两半模。上右制法相同，图案为池中荷花，构图雕刻皆较粗犷，似绘画中之泼墨法。下左为路军所制仿清宫四方笔筒，图案变为梅兰竹菊，刻模甚精细，生长饱满，故纹路清晰。下右为陈大刚制。

模制树桩形葫芦笔筒

当我们领略了清宫葫芦笔筒精致之美后，再来看这几具树桩形葫芦笔筒，会有怎样的感觉呢？是的，它完全改变了葫芦器的本质，不但在造型上，而且在色泽上。传统的葫芦美学观念被颠覆，“葫芦”被掩盖，被深深地蕴藏在树桩之中了。天然、粗犷与原生态，具有每一个都是“这一个”的独特性。黄全华制。

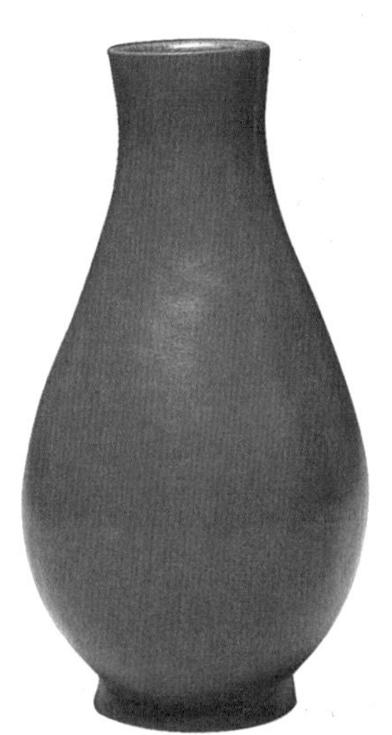

砑花天然葫芦瓶

左上是一具截口的天然葫芦，下以一葫芦圈拼接作足，工艺极简。然让人想不到的是，此具竟是清宫中的藏品，距今已有三百多年。此器用工虽简，素雅无纹，然大体周正，色泽紫红，且保存完好，堪为葫芦中的精品。

余二器亦为天然亚腰葫芦截口并加足拼接而成，一直口，一撇口。直口者用亚腰葫芦上腹，撇口者用亚腰葫芦之下腹。二器皆砑以纹饰，一为山水，一为神兽。

乾隆赏玩款八不正葫芦瓶

此为赫赫有名的乾隆八不正葫芦瓶，四面有八仙人物，抹角三角形弦纹内有团寿字。底作正方形，有团花，四角有“乾隆赏玩”款。制模精工，生长饱满，皮色紫红。细腰处稍有褶叠。现藏天津博物馆。此器形二十多年来出现仿制者甚多，以张才日最早，亦最成功，左下即其仿制乾隆款。右下为近年黄全华仿制的康熙款，纹路极清晰。

选自《中国葫芦器》

葫芦瓶

相对于前页的八不正瓶，上左的清宫葫芦蒜头瓶"知名度"更高，它被专家鉴定为国宝级文物，堪为清宫葫芦器之代表作。蒜头瓶于青铜器、陶瓷器中多有，以瓶口状为蒜头得名。此器整体器形曲线优雅，分为六瓣，均肩饰仰云纹及卷草纹，腹莲花纹并及卷草纹。圈足变为六瓣，呈花形，内有阳文楷书"康熙赏玩"款。右为路军仿制，颇为神似。下二具亦为清宫制品。

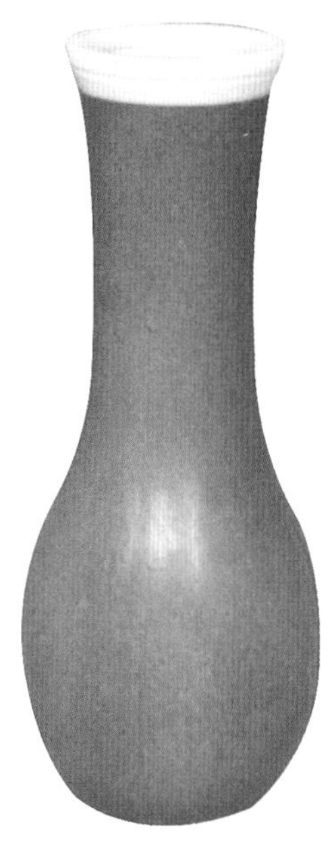

素模葫芦瓶

上左系笔者90年代所制。从河南寻得一葫芦品种，圆腹大小适中，柄粗而短。钉木盒，八角塞三角体木块。以此盒套于葫芦上，即成此器。因盒稍大，故棱角未完全长满，然皮质坚实。上右器长颈而粗，瓶身不大，平底，器形颇为少见；口镶高牙圈。除作案头摆设，或作药瓶可也。左为素模天球瓶，器形端庄，生长饱满，皮质硬实干净，为张才日早期制品。皮色系做旧，是笔者练习做旧时的习作，只能说差强人意而已。

选自《中国葫芦器》

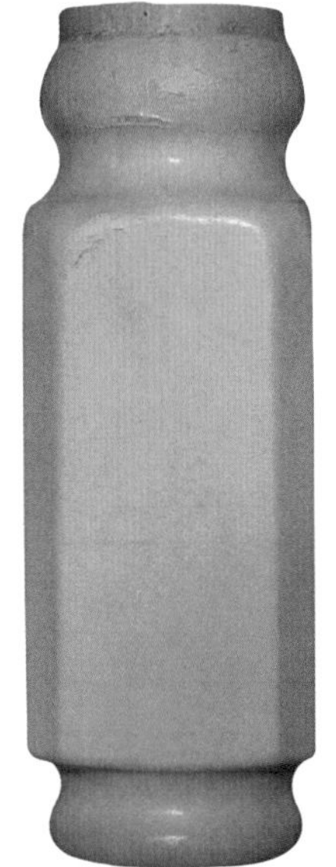

模制仿古葫芦瓶

古代青铜器中多此造型，瓷器中亦有，名之曰“觚”，饮酒器也。此器因脖肩相接处无曲线，当是上下两次模制再加拼接而成。

天津华宝斋供图

模制葫芦四方瓶

左器为四方折角，甚高大，皮质极厚。据制者云，葫芦乃是杂交而成，极大极厚，皮质坚实。

上右器之形在古代青铜器中称“觚”，酒器。其主要特点是喇叭形口，细腰，高圈足。陶器中亦有此种造型，然多为明器。此瓶乃仿觚形而有所变化。瓶甚高大，皮质尚好。脖下皮有拉伤。

选自《中国葫芦器》

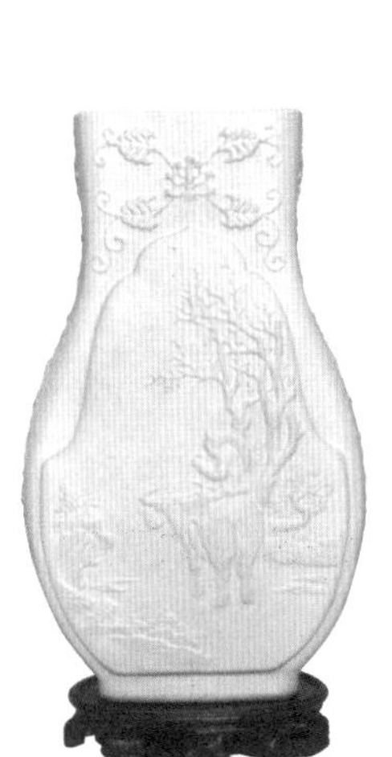

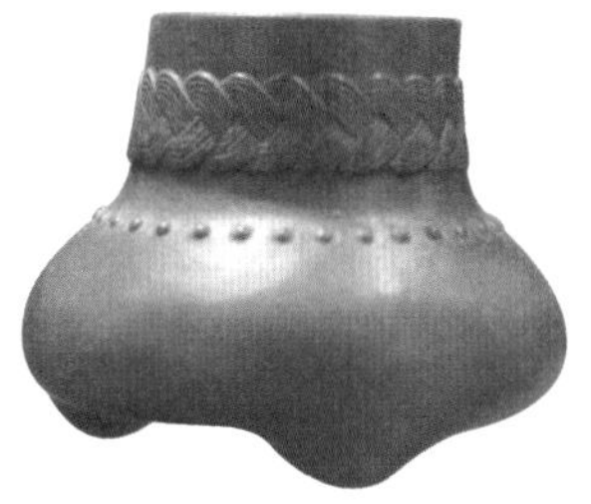

模制仿古葫芦器

诸器皆为仿器物，形态各异。大体而言，细高者古称“觚”，粗矮者称“尊”，今人皆泛而称之曰瓶。诸器制作者分别是黄全华（上左、中左）、路军（上右、中右）、靳建民（下左）。

模制葫芦大扁瓶

二器为巨型葫芦扁瓶，皆为张洪汉范制，孟宪洲研花。上器研清明上河图，下为兰亭修禊图，场面开阔，精细入微。

巨型葫芦器的出现，是21世纪以来葫芦工艺的一项重要发展，科学技术的飞速进步为之提供了坚实的基础。葫芦越种越大，制模技术越来越高明，以致范制出来的器物也越来越大，早已超出了用来养虫或握之手中把玩的传统概念，是古人难以想象的。

素模砑花葫芦瓶

上左素模，圆腹，径为拼接者，接缝处有玳瑁圈相连。瓶颈阴刻唐王维诗：“人闲桂花落，夜静春山空。月出惊山鸟，时鸣春涧中。”瓶腹砑花鸟图案。上右长颈撇口，瓶腹扁圆，形甚秀气。口镶牙圈，下沿砑蕉叶纹，瓶腹砑林木亭阁。构图虚实结合，砑工极精细。王清云砑花。

砑花葫芦瓶

直径撇口，瓶腹为圆筒形，中间稍鼓，圜足。素模砑花，径砑蕉叶纹，瓶身砑山林景致。上镶蟋蟀葫芦象牙口盖及高蒙心。张冠李戴，令人奇怪；然近年颇流行此风，亦无奈也。

选自《中国葫芦器》

砑花葫芦四方瓶

上左为四方形，造型别致，棱角分明。径砑蕉叶纹，瓶身四面各砑山景并有题诗。

砑花长颈葫芦天球瓶

上右本为素模，施以砑花，器身满布微微突起的花纹图案，再镶以牙口，有富丽堂皇之气。颈砑如意纹，朝上蕉叶纹及花草等，瓶身四面砑四幅花鸟图。

砑花葫芦广口瓶

左器高身广口，各部比例匀称。本为花模，经过砑花醒模。

选自《中国葫芦器》

模制葫芦天球瓶

三器皆天球瓶式，唯器形及大小稍异。上左器身满布阳文花纹图案，瓶颈雕花草，瓶腹雕宝相花及蝴蝶，空白处又填以花枝。上右长径直口，口外沿为如意纹，径为蕉叶纹、回纹、如意纹，瓶身满布云龙纹及佛八宝图案。左器形亦如天球式，圆腹，细长颈，口如蒜头式，圈足。颈雕蕉叶、回纹。前二器生长充足，纹路突起，可称精品。后一具生长稍欠。

选自《中国葫芦器》

模制葫芦大扁瓶

三器皆器形较大，圆润饱满，纹饰分别为二龙戏珠及狮球图案，雕刻极精细。路军制。此器形在现存清宫葫芦器中，没有发现。故宫有所谓“月宝瓶”者（下右），实非瓶，而是用“一模二器”法套制的两只碗，只是尚未剖开而已。扁形器物清宫只有小型鼻烟壶，大而扁者则不见，可知当时这项技术难关，清宫的治匏艺人尚未攻破。

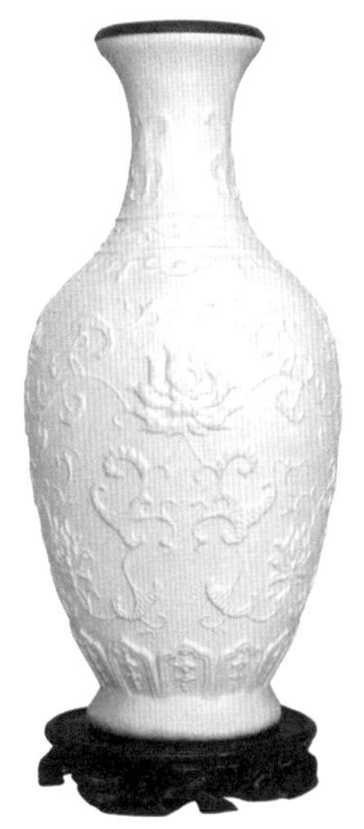

模制葫芦瓶四具（路军制）

模制葫芦瓶四具

近年模制葫芦瓶新品甚多，形制、纹饰可谓百花齐放。此四具为黄全华作品，在继承传统的基础上有创新，题材不再局限于雕龙画凤，即花鸟动物亦不再是程式化、图案化的东西，画面更生动，生活气息浓厚。

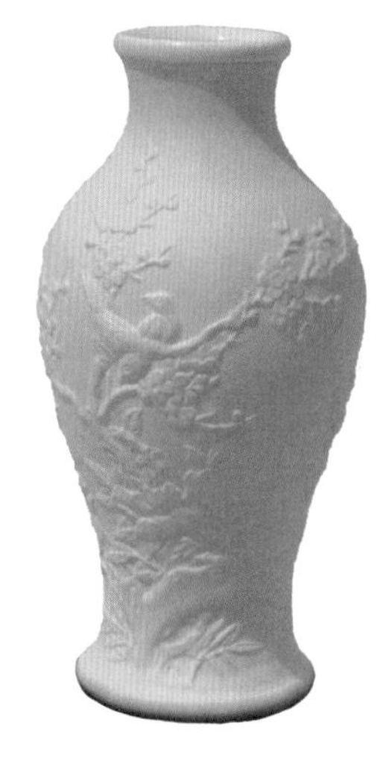

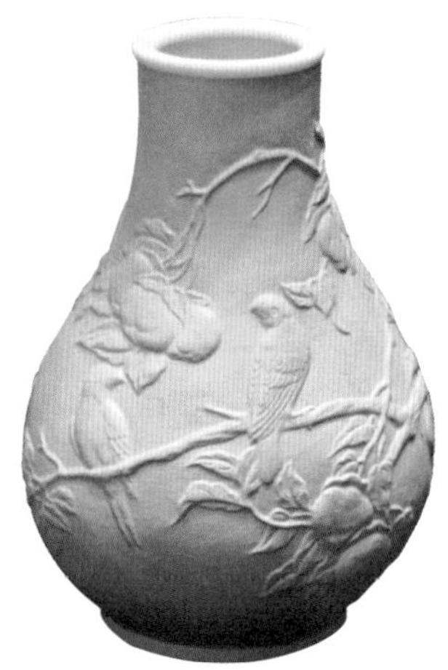

模制葫芦花瓶

模制葫芦花瓶，清代文献不见。本以为乃近年新出，然近得一图片，做工十分精美，疑似清宫制品（上左）。上右器为近年所出，长撇口，瓶腹雕花枝，口外饰直线纹，底部外沿有花瓣纹。另二具外形相同，左为缠枝纹，右为龙纹。

选自《中国葫芦器》

八不正葫芦瓶

清宫有模制葫芦四兽尊。上二具为天津董树功仿制品，极神似。二器造型相同，皆为正方抹角，四面成八角形。上左四面有四兽，乃仿清宫四兽尊。上右四面为团寿字，周围卷草纹。犹记当年老董破篮子内装此二器，向余展示，不免讶异其手艺之巧。然当时已近严冬，葫芦并未完全成熟，轻按之尚觉皮软，未知后来能存下否？

下二具为路军所制，四面正中为团寿字，周围饰以勾莲纹，折角各饰团花一朵。制模精细，纹路清晰。皆做色，然效果不同。

选自《中国葫芦器》

模制葫芦瓶

上左器形如葫芦，为古代瓷器、铜器中的常见造型。瓶口雕蕉叶纹，器身为八宝图案。雕工极精，生长饱满充实，故纹路突起明显，雕塑感甚强。另具为花瓶式，雕婴戏图。下排三图实为一器，六方形，高身长颈撇口，花模加研花。瓶口下沿为蕉叶纹，器身六面均为仕女图，造型准确，雕模细腻，形象生动。王惠国制。

选自《中国葫芦器》

模制葫芦瓶

三具皆花模，上左器形饱满，长颈先撇后收，肩处有一圈突起，圜足。器身满布勾莲纹，构图充实，雕工亦精，做色自然美观。上右为长颈撇口，扁圆腹，圜足。颈四面有四篆书寿字，四周卷草围绕。肩部有四朵莲花，瓶侧有四鹤，亦为卷草围绕。左器形甚秀美，圆腹而往上渐收束以成细颈，小撇口，曲线变化柔和。器身满布各式图案，口下为蕉叶纹，颈为卷草纹，瓶身为缠枝纹，瓶底外沿为花瓣纹。

选自《中国葫芦器》

模制葫芦瓶

左器为亚腰葫芦形，器身饰枝莲图案。右器广口，器身图案为八骏图。

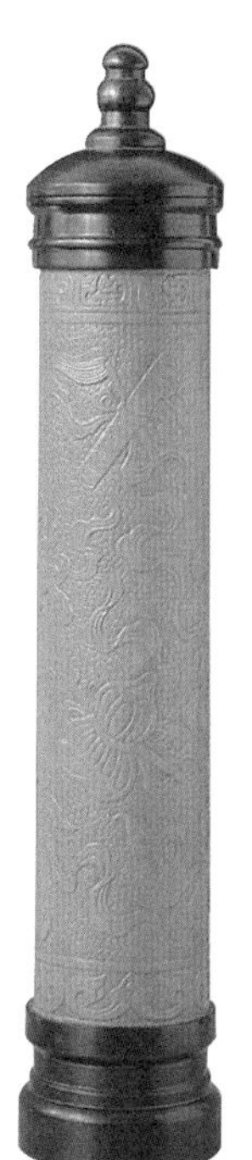

砑花火绘葫芦香筒

以瓠子或较粗大长柄葫芦之柄范出长筒，截长短适中安红木口盖及底托。筒身浅砑佛八宝图案，底砑鱼子纹。模制方法同上。器身砑云纹，砑痕较深，层次感较好，作者为津门砑花名家褚新贵。右二具刘卫东火绘愚公移山图，笔法细腻。

选自《中国葫芦器》

花模葫芦盖罐

清宫中有葫芦盖罐，如上图。直口而圆肩，肩下渐渐收束，整器扁圆如馒头状，曲线优美流畅。器身十二朵如意云纹，相隔一云纹下接卷草纹，一大一小。罐内涂黑漆，口镶玳瑁圈。罐盖以葫芦上部范制，葫芦蒂作纽，有自然天成之妙。盖饰以番莲纹、团寿字及回纹。罐底凹入无足，有“康熙赏玩”四字楷书款。

下二器为张才日仿制，左改凹底为圈足，器形稍有变化。右器作瓮形，细口细足，平底，大腹耸肩。器身满布云龙纹，口与底的外沿均饰云纹。

选自《中国葫芦器》

模制小型葫芦洗

四具葫芦洗器形较小，分别设计为石榴形、桃形、虎形与蟾蜍形。构思巧妙，雕模亦精。内部涂黑漆，已镶牙口。三、四造型尤为生动，虎四肢伏地，双目圆睁，两前足托腮，虎须历历可数，似在作即将跃起之势；蟾蜍撇着大嘴，似有无限委屈。四具皆路军制，万永强做色，堪称当代精品。

选自《中国葫芦器》

葫芦布袋佛

以葫芦翻制人像，清宫制品中似乎罕有，然近二十年来已不鲜见。其中大部分为神话、宗教及历史人物。上左为布袋佛，人物造型比例准确，衣褶自然流畅。上右人物造型较为夸张，高耸的腹部，突起的双乳，以及巨大的耳垂，组合在一起显得更为生动。原像为树脂制品，笔者于地摊购得，稍加改造后翻成胶模套制。下二具一为钟馗，一为财神，皆制模精细，生长亦甚饱满，故纹路相当清晰。

选自《中国葫芦器》

模制葫芦人物造像

弥勒佛笑容各异，皆面如满月，慈眉善目，观之有安详平静之感，温暖人心。观音像端庄、静穆，充满宁静之美与慈爱精神。达摩的深邃沉思，令人肃然起敬。黄全华制。

弥勒佛

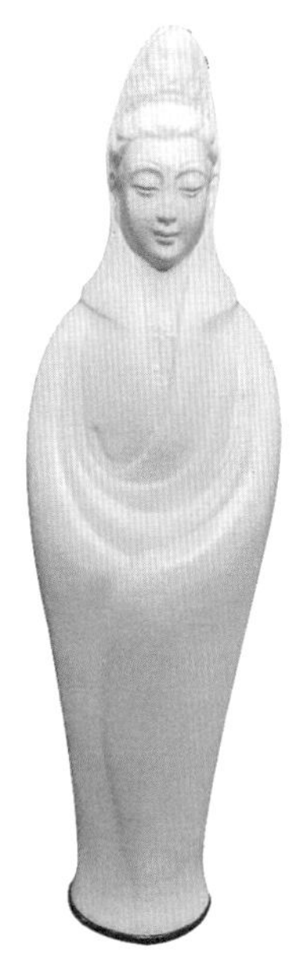

观音

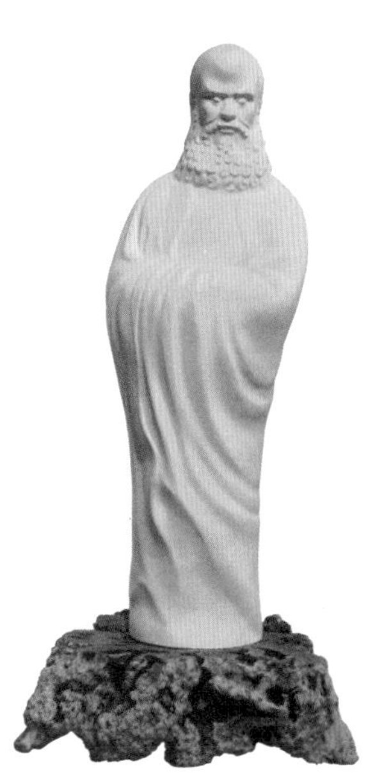

达摩

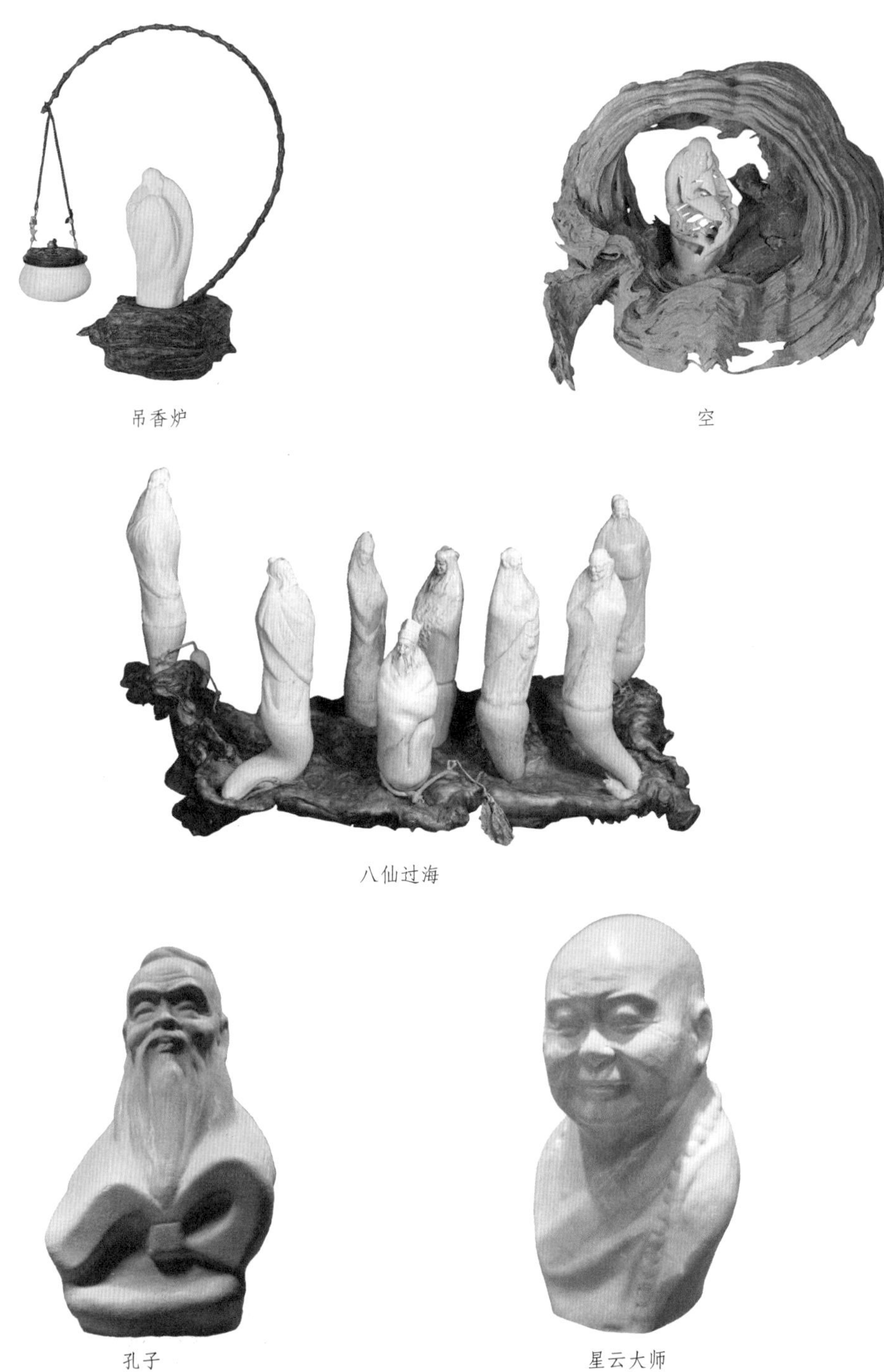

吊香炉

空

八仙过海

孔子

星云大师

黄全华制

模制婴孩葫芦枕

古代有人形瓷枕，或作孩童入睡状，或作妇人斜卧状。此器乃张洪汉仿宋定窑婴孩瓷枕，以极大葫芦模制，体型硕大，形象逼真。

观音像（张洪汉制）

观音像（丁国武制）

砑花拼接葫芦鼻烟壶

器形各异，似为模制，实则非也。上世纪 90 年代中期，市场上曾一度风行此类鼻烟壶。其制作方法其实甚简单，以剖开之葫芦片粘合成各种造型，只要接缝处严丝合缝，再加砑花遮掩，就很难察觉。

砑花板夹葫芦鼻烟壶

诸器皆施以简单的模制，即古代所谓“板夹”法，以两块木板夹持葫芦，稍稍夹扁，再加砑花。夹扁法要注意，夹板不必上得太早，以免将葫芦夹得太扁太薄。皆师本放砑花。中排二幅为山水古柳，是师氏常用题材，虫具、烟壶及其他摆件，皆见此幅图案。其他皆砑寿字，再加勾莲、云纹环绕。

选自《中国葫芦器》

模制八不正式葫芦鼻烟壶

上二具为天津董树功所制。董是津门一大能人，手甚巧，制模尤见功夫。其法不同于常人，且秘而不宣，仿清宫制品，往往能形神兼备。二器为董所赠，现为笔者所藏。

下左具系仿“康熙赏玩”八不正之形而缩小之，两半模，上下腹四面皆雕寿字。下右图案同，仍以小亚腰葫芦套模，然只下半截而已。

选自《中国葫芦器》

模制葫芦鼻烟壶

上排三器皆似酒坛形，右器为螭龙纹。中间为大象图案，因“象”“祥”同音，寓意吉祥。上左为蝙蝠图案，寓祈福之意，盖因“蝠”“福”同音也。
下二具左为玉米形，颇有创意，清宫不见此形。右为小弥勒造型，雕模清晰。
以上各类模制鼻烟壶，多为张才日所制。

选自《中国葫芦器》

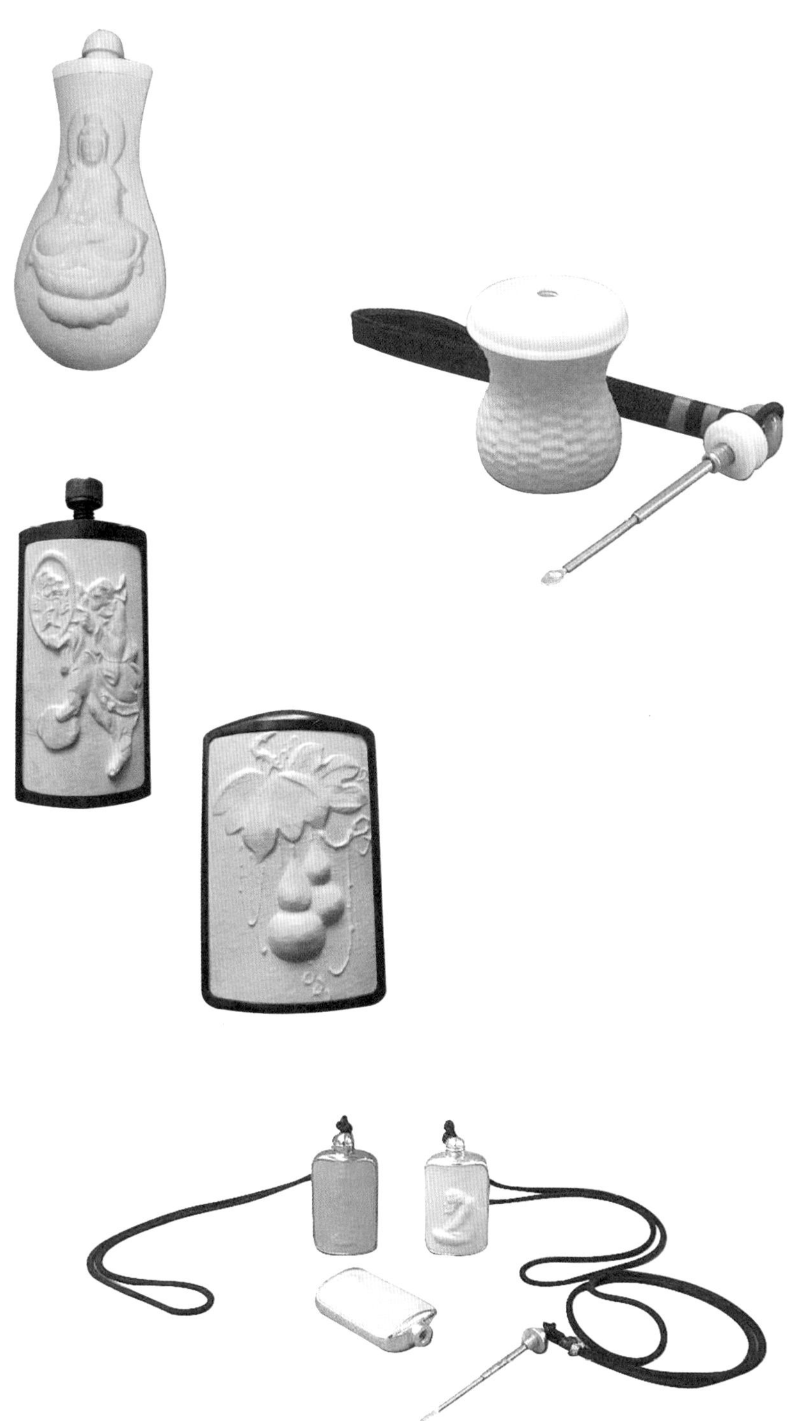

镶嵌葫芦鼻烟壶几种（黄全华制）

模制葫芦十八罗汉手串

模制葫芦弥勒链坠

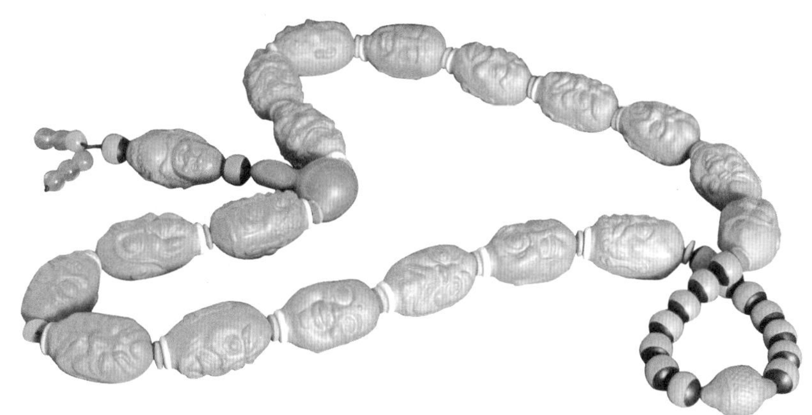

模制葫芦十八罗汉项串（王惠国制）

二 葫芦虫具

本长黑虫葫芦

上左为清末老葫芦，虽下肚稍偏，紧脖而翻极正，颇似模制，极为难得。故玩家配以牙口玳瑁蒙心，可知十分珍爱。上右为作者自制，虽无惊人之处，然大小适度，把玩日久， 其色枣红，光亮可爱，亦吾之爱物也。下二具皆甚正，典型的“墩儿”，相对而言不难觅得。

选自《中国葫芦器》

本长倒栽黑虫葫芦

此器亦以一百年老亚腰葫芦截成，唯去下半而留上半，民间谓之倒栽，柄处安象牙托，倒放则成底矣。“倒栽”亦俚语，意即头上脚下，所谓“倒栽葱”之略语。口盖托皆牙质，盖的上下沿以玳瑁镶之。玉石蒙心。器形较巨，然比例颇佳。皮质细腻，色彩艳丽，光亮如镜。万永强藏。

本长倒栽黑虫葫芦

二具皆本长倒栽，左器皮质皮色一如前器。稍有不正，故翻儿的两边不甚对称。与下腹相比，脖稍紧。万永强藏。右器形不大，下腹为长圆形，此种器形改作蝈蝈葫芦亦可。口盖蒙心及底托皆象牙，蒙心亦皆象牙染绿。

选自《中国葫芦器》

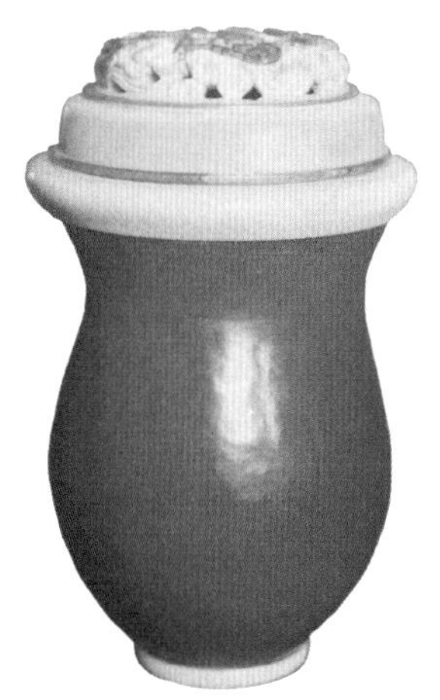

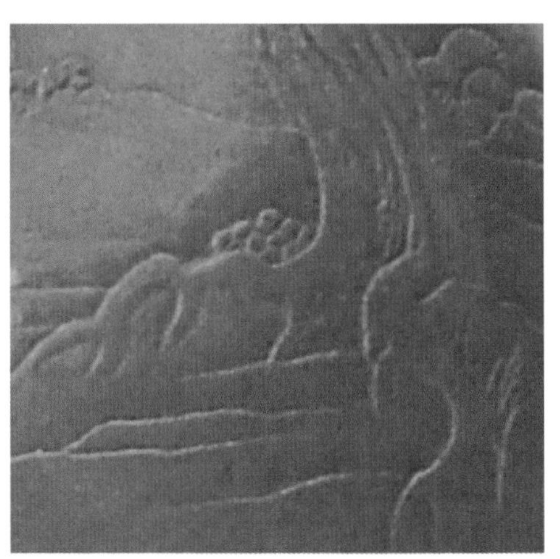

本长砑花黑虫葫芦

二葫芦皆本长，左器上部甚周正，下腹稍偏；右器虽本长，然神似沙河刘和尚头，皆王清云砑花。左图为说唱图，描绘农村说唱艺人表演的情形。右图为山水，砑痕较浅然颇细致。皆画面布局合理，刀法精细流畅。

选自《中国葫芦器》

素模黑虫葫芦

晚清沙河刘葫芦曾经名闻京师，极得玩家青睐。此器即沙河刘和尚头式黑虫葫芦，体形小巧，握掌中甚舒适，便于把玩。此器宜于养本叫黑虫。象牙口盖，椰壳蒙心。王清云藏。

素模黑虫葫芦

此器年代约为清末至民初，器身秀美，皮质细腻，光洁异常，手感极佳。全器无模痕，花脐极正，绝似本长。万永强过目，谓出天津史老起。本为著名画家范曾先生所藏，后赠作者。

选自《中国葫芦器》

素模黑虫葫芦

上左器下腹作扁圆形，脖处曲线优美，翻似稍亏。皮色紫红，质地细腻。右器形大小适中，器身曲线极流畅，如本长之自然，毫无人工痕迹。象牙口盖蒙心，亦浑然天成。蒙心为立体雕刻，二童相对，一童手臂架鹰，另童怀抱一猫，禽兽四目相对，皆虎视眈眈，有剑拔弩张之势。左器瓦模套制，模痕明显。翻、脖、腹比例较佳，皮质甚好。象牙口盖，盖外沿以玳瑁镶之，玳瑁蒙心。万永强藏。

选自《中国葫芦器》

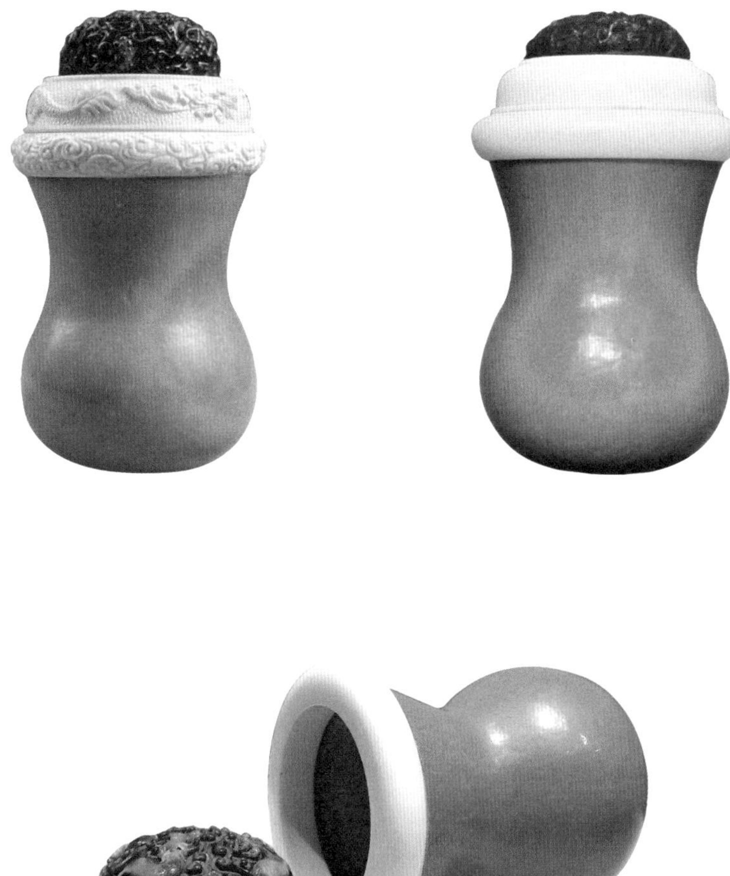

素模黑虫葫芦

上二器亦是比较典型的所谓“墩”式黑虫葫芦，皆粗而矮，内部空间较大。左器口盖皆以象牙雕花，有雕镂过甚之嫌。此种雕花口盖似乎曾时兴过一段时间。右器形相类，甚墩实。色黄而皮质颇佳。象牙口盖，玳瑁矮平蒙心。
下器矮身，腹浑圆，脖收束较紧。皮质磁实，皮色灿黄。象牙口盖，玳瑁蒙心。万永强藏。

选自《中国葫芦器》

素模黑虫葫芦

上二具皆荸荠扁式，为常见器形。新出而做旧者，色稍重。皆象牙口盖蒙心，左为立体雕八仙人物，右为鹭鸶莲，极精细。
下器年代较久，素模矮身棠梨肚，脖亦收束较紧。象牙口盖，玳瑁平蒙心。
选自《中国葫芦器》

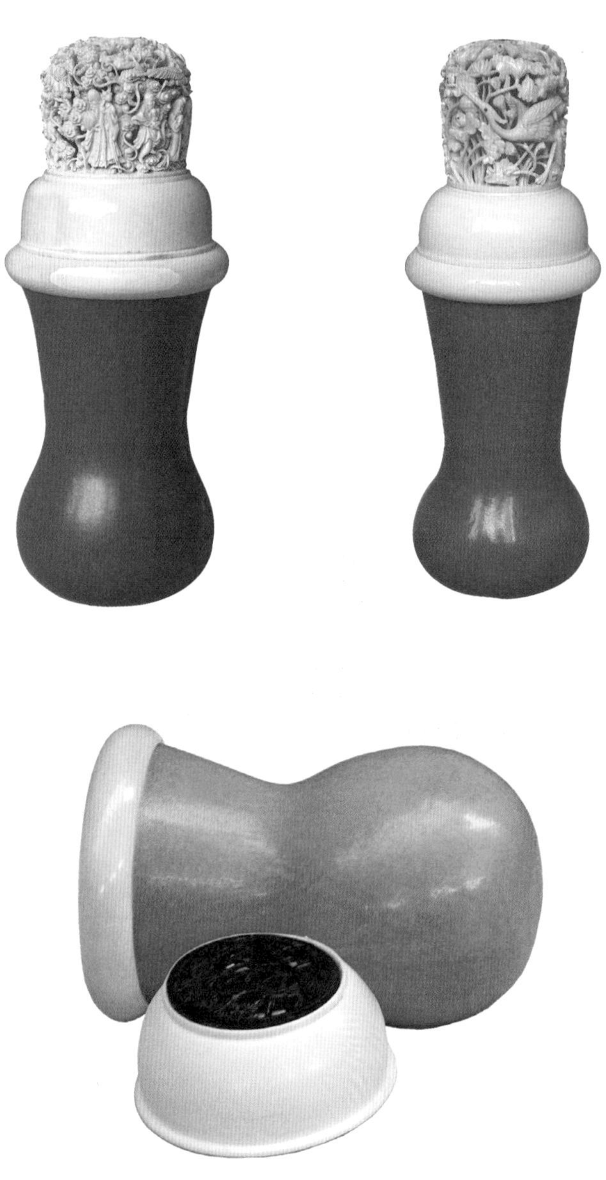

草纸纹黑虫葫芦

上器腹稍小而翻儿较大，微有纸纹。皮质佳，皮色紫红。象牙口盖，象牙立体蒙心，雕太狮少狮。

下器矮身纸纹。因把玩日久，皮色紫红，以手感触之，极滑润。象牙口盖，玳瑁蒙心，雕刻精美。

二器皆晚清制品。下器本为天津张文斌所藏，近为万永强所得，价竟数万之钜。

选自《中国葫芦器》

素模纸纹黑虫葫芦

既曰素模又曰纸纹，似有矛盾之处，其实不然。纸纹之出现，本属意外。因套模葫芦往往在器身上留下几条泥模的痕迹，故有人以草纸垫在模内，如此则模痕就不再出现。但器身上又留下纸纹的痕迹，因此纸纹葫芦一般不会再有模痕。纸纹有一种独特的效果，故后来制作纸纹葫芦成为玩家一种有意识的追求，以天津宣家、史家“瓦套纸纹”最为有名。二器皆矮身紧脖，稍显纸纹，器色灿黄，皮质坚实。皆象牙口盖，象牙与玳瑁蒙心雕刻极精美。

选自《中国葫芦器》

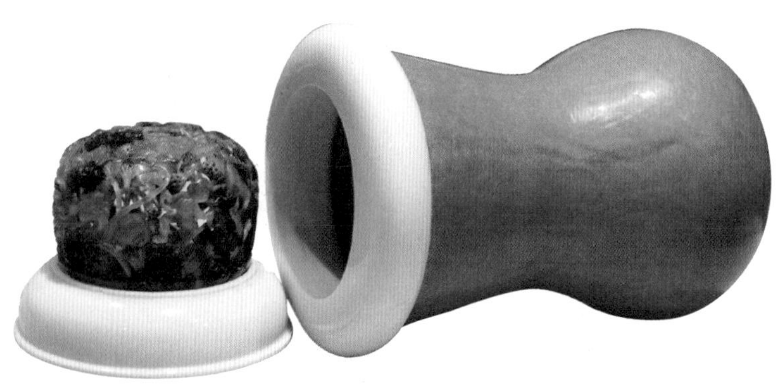

纸纹黑虫葫芦

三器皆高身纸纹。上左器皮色黄中泛红，口盖蒙心皆象牙，蒙心雕牡丹花，枝叶繁茂，含苞欲放。上右高身，腹浑圆，器形上下比例较佳。纸纹甚细腻，皮色灿黄。象牙蒙心为著名的五子鸡笼，外有玳瑁罩，可拿下。万永强藏。右为吴荣顺藏。

纸纹黑虫葫芦

二器皆纸纹，黄中泛红，年代较久。上为荸荠扁式，纸纹稍浅，模痕尚在。 下器肚浑圆，纸纹突起。二器蒙心各具特点。吴荣顺藏。

纸纹签筒子黑虫葫芦

古代所谓“签筒”，即占卜或赌博装签所用之竹筒，官府也以之盛令签。其形类似笔筒，上下一样粗细（见上图）。

下二葫芦器形上半直上直下，口不外撇，较似签筒之形，故名。此种器形一般较粗大，美感不足，然共鸣效果较佳。左为王清云藏。

选自《中国葫芦器》

素模黑虫葫芦

右器纸纹素模，中规中矩，比例匀称，皮质其佳。

下二器皆为模制素模黑虫葫芦，模痕明显，然器身纹路乱作一团，天津玩家谓之“烂鱼肠子”。名虽不雅，倒也形象。此种纹路并非有意为之，应是以阳胎翻制阴模时，木胎与泥模粘连所致，实则所谓“瞎模”而已。

选自《中国葫芦器》

火绘黑虫葫芦

左具器身高矮适中，紧脖，下腹扁圆，造型优美，可作黑虫葫芦之典范。现代玩家追求高身者多，实在是误解。火绘山水田园风光，用笔极细腻。象牙口盖，蒙心亦为象牙，雕五狮嬉戏图。张伟藏。下二器与上具相类，皆为紧脖扁圆肚。唯右器肩部稍有突起，近似民间所谓“步步得儿”式。器身火绘山峦起伏、树木葱茏之貌，用笔亦如前二幅。象牙口盖，玳瑁蒙心。

三器火绘手法相同，当为同一人所作。下二器为万永强藏。

选自《中国葫芦器》

砑花黑虫葫芦

右器形类所谓“炮筒子”，下腹长圆。砑花不署名，当系晚清至民国间人。所砑为山林景致，布局疏朗有致，刀法纯熟老到。山石用深砑，林木枝叶用浅砑，轻重有别，以求立体效果。此器甚得万永强钟爱。90年代师本放所砑葫芦，多有仿此者。

下左器身砑群马图，描绘林下群马，神态各异。惜砑手水平尚欠缺，线条外围边缘过渡不足，故砑痕太过明显。象牙口盖为老式，较薄，盖上瓮口较大。

下右高身扁式，器形一般，皮质上佳。器身砑山间景色，虚实远近，层次感较强。重峦叠嶂之中，一老者拄杖而行。人物形象用笔极简，然蹒跚之态，跃然纸上。

选自《中国葫芦器》

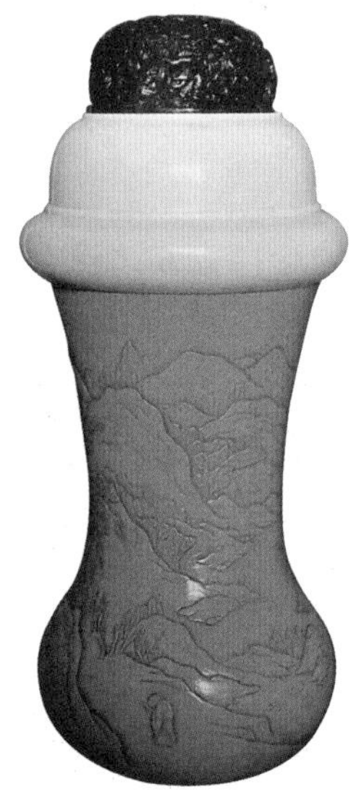

砑花黑虫葫芦

左高身扁式，下腹较扁。皮质细腻，色黄。砑锦鸡牡丹图案。口盖色黄，民间所谓“老化学口盖”，即合成物质，实则早期塑料也。

下二具器形不同，右器甚高大，均砑钟馗嫁妹图。左为王清云砑，右出自孟宪洲之手。相对而言，左器线条清晰，砑工极细；右器场面布置及刀法显然有所不同。

选自《中国葫芦器》

砑花黑虫葫芦

上二具为王清云近年新作，左器山林图尤见其深厚功力，超越陈锦堂。右器为劝酒图，一人“喝高”了，软瘫于地，形象生动。

下二器为孟宪洲砑，一为踏歌图，另为四仙戏猫，皆甚细致，画面干净，学习王清云手法， 颇有长进。

砑花黑虫葫芦

左器砑山居垂钓图。构图疏密有致，远山近水，各有布置。砑痕较深，突出布局的层次感。皮色似为做成，稍重。象牙口盖，玳瑁高蒙心。

下二器皆现代制品，荸荠扁式，形甚美。左器浅砑云龙纹，极细致。右器砑岁寒四友图，砑技一般，盖因砑痕太过明显。皆黑檀口盖，玳瑁高蒙心。

选自《中国葫芦器》

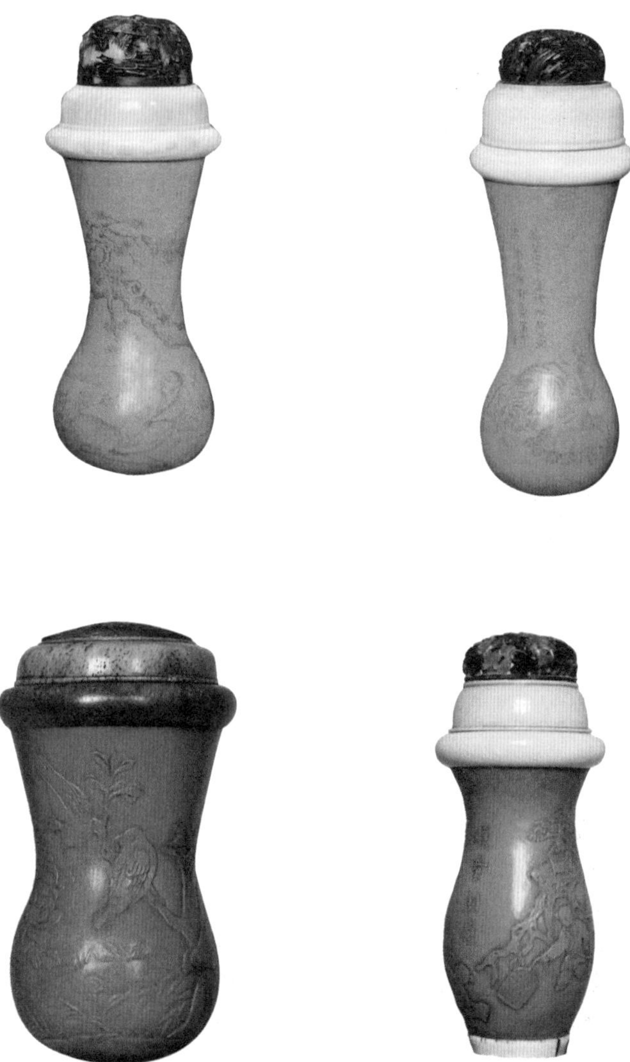

本长火绘砑花白虫葫芦

上二具外形稍有不同，然皆极正，如模制一般。左器腹扁而紧脖，右器翻儿、脖、腹比例极佳。左器火绘古松下士人作深思状；右绘僧人与虎相对，旁有“万劫心常密”之题句，不明出处，字画皆无可称道处。下二器为砑花，皆属所谓“老葫芦新砑”，手艺一般。

选自《中国葫芦器》

本长倒栽与砑花白虫葫芦

三器虽为倒栽，然器形特佳，器身曲线优美。左器配红木口盖底托，古朴素雅。器身砑干枝梅，作者巧妙利用原有一疤痕，作为梅枝上的树瘤，自然贴切，尤见匠心。右器形甚周正，腹浑圆如电灯泡，皮色紫红，器身砑山石花卉。象牙口盖，玳瑁蒙心。下器象牙口盖，牙托太厚，若截去一半效果更佳。

选自《中国葫芦器》

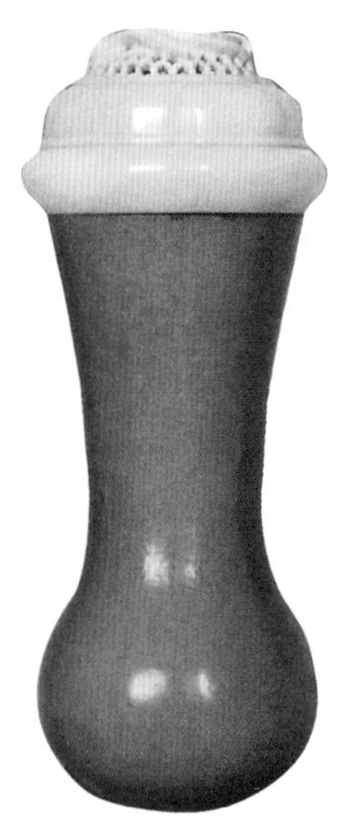

素模白虫葫芦

三器皆素模，腹形稍异，一浑圆，一扁圆，一长扁而平底。后者有人称为“抹子”，未知何意。瓦工之抹子否？不敢臆测。下右为常见扁式，有纸纹。三器皮质皆细密，把玩日久，皮色或红或黄，光洁可爱。

选自《中国葫芦器》

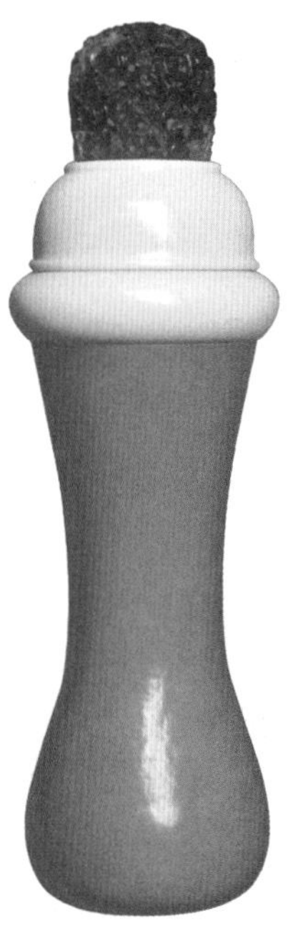

素模白虫葫芦

右器原素模，皮质细腻光洁，火绘因长期摩挲已模糊不清，似为山水田园图。缺盖，牙口泛黄。

下器为荸荠扁式，器身砑小儿斗蟋蟀图。一群小儿正于垂柳下的篱笆前斗蟋蟀，其中二人手执芡草，一人旁观。旁边有人伏地，似在捕捉逃掉的蟋蟀。

砑花白虫葫芦

左器形同前，亦作扁形，皮色亦类似。器身砑山石花卉，砑痕较著。象牙口盖，玳瑁蒙心。下右器形细而高，玩家谓之“蒜捶”形。器身下部砑田园耕作图，脖饰蕉叶纹，中部砑文徵明诗句：“一雨经时势未休，乱山浮碧水交流。长林日暮飘风发，并作溪亭五月秋。”垂柳、房舍、耕牛皆细致而形象。红木口盖，玳瑁高蒙心。下左荸荠扁乃师本放砑花送余者，仿前人图案（见前炮筒子形黑虫葫芦），颇得其精髓。

扁圆蝈蝈葫芦

左二具以扁圆葫芦刀刻而成。上具口沿镂雕蝙蝠、制钱，寓意福禄。主体雕卍字纹为底，四面各有一圆圈，边饰回纹。其中一组相对的两面各有诗二句，合起来为：“琼枝只合在瑶台，谁向江南处处栽。雪满山中高士卧，月明林下美人来。寒依疏影萧萧竹，春掩残香漠漠苔。自去何郎无好咏，东风愁绝几回开。”明高启诗，题曰《梅花诗》。雕工极细致规整，是此类中的精品。下具雕“福禄寿禧”，镶铜盖，亦甚精巧，然刀功稍逊。

雕花扁圆蝈蝈葫芦

此二种雕花与前一幅不同，是用一种现成的刀具按压而成。此种刀具形状非一，有一字刃，有圆形刃，有弧形刃，有方形刃。只需按照设计好的图案，取用相应的刻刀用力按压，就可在葫芦表皮上留下刀痕。

选自《中国葫芦器》

刻画扁圆蝈蝈葫芦

扁圆葫芦是古代畜养蝈蝈的传统器具，以聊城所产最著。上左以针刻画再加填墨，李玉成刻。上右手法相同。紫红者俗称“片花”，以刀具削去表皮，露出白瓤以成图案。（王涛提供）

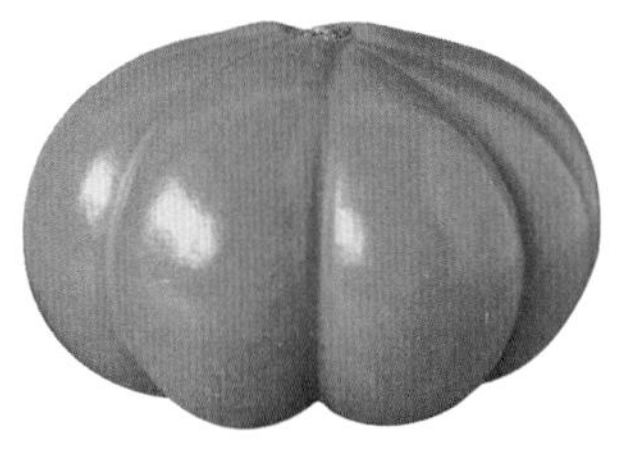

勒扎扁圆蝈蝈葫芦

扁圆葫芦生长期间以绳子扎在不同部位，就会形成不同效果。上左为菱形，右为桔瓣形。

雕刻扁圆蝈蝈葫芦

左器勒扎后再于各菱形突起上施以刀刻，盖为梅花形，构思巧妙。视其皮色，应为百年前物。

选自《中国葫芦器》

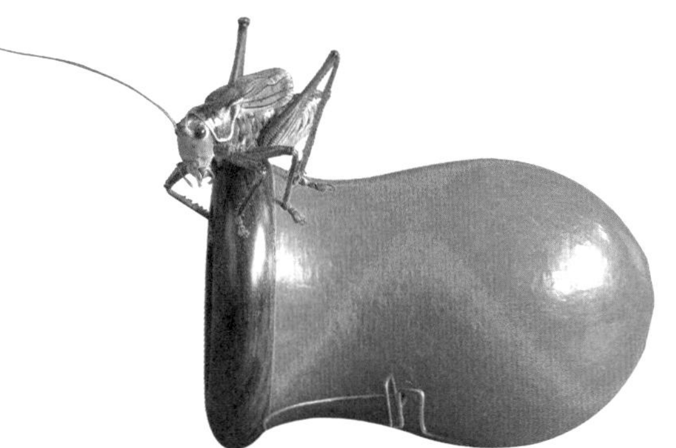

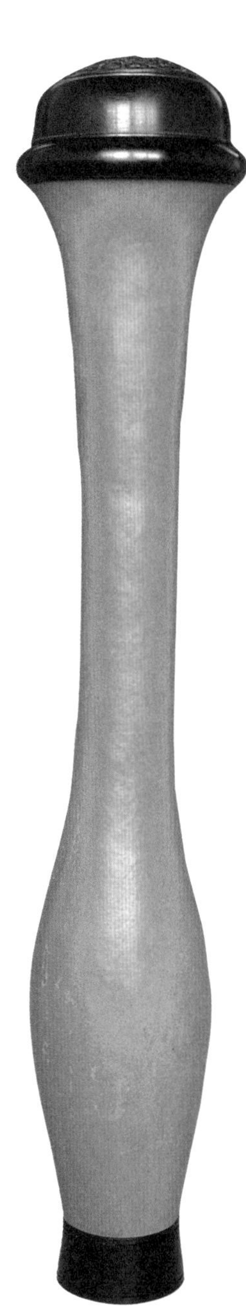

本长倒栽蝈蝈葫芦

本长倒栽，甚端正，皮极厚实。更可贵者，底部似尖而实平，可笔直地立于桌上。余数年前得之于一宫门前市场，索价四十。经几年把玩摩娑，已黄中泛红，光可鉴人。松口，出音洪亮，放入大蝈蝈，共鸣效果极佳。

巨形本长倒栽蝈蝈葫芦

此系日本葫芦与中国葫芦杂交而成，器形甚巨。90年代中期，得日本葫芦种子若干，带回家乡种植。次年结出的葫芦皆十分巨大。生长期间发现此瓠既大又正，十分难得，心想以之做倒栽养蝈蝈，效果一定不错。返津后即配上口盖，师本放以椰壳雕一大蒙心，大如天津麻酱烧饼。意外的是，以之养虫，竟与在笼中无异。原来葫芦太大，难以产生共鸣。无奈，只好置于书架，权当摆设偶尔把玩而已！

选自《中国葫芦器》

勒脖大棒子蝈蝈葫芦

此为笔者所勒之大棒子。每年暑假都要回乡看葫芦，一年见架下瓠子长得甚正，随手以绳扎之，结果成此棒子，形甚好，养虫共鸣效果亦不错。

勒脖蝈蝈葫芦

勒制而成，有小翻儿，腹圆大。皮质较瓷实，紫红色。配厚牙口，玳瑁贴面瓢盖，牙圈眼。此器虽系扎勒，脖甚长，且有翻，应是用纸筒等简单的模具做成。

砑花本长蝈蝈葫芦

此为百年前故物，清末民初本长蝈蝈葫芦。器身砑花图案为牡丹，空白处有网纹，脖饰贝叶纹。底有方印，砑楷书“康熙赏玩”四字。史称晚清北京有雷姓砑花人，喜作康熙、雍正款以诈客，此器或即砑花雷所作。

选自《中国葫芦器》

砑花本长蝈蝈葫芦

上一具器形，当非亚腰葫芦裁切而成，似为瓠子之下半截，故“翻儿”不足而作直筒形。此器皮质较好，色泽紫红。其砑花图案及刀法，经与“康熙赏玩”款者比照十分相似，皆为刻画而非现代砑花手法。中间亦为老砑花，但与上具相比，既有刻画线条以表现形象，也兼有砑的手法，是二者的结合。下一具本长而较粗壮，腹呈木瓜肚形。木瓜肚，亦为玩家口语，喻指葫芦腹长圆如木瓜形者。砑花图案为花卉蝴蝶。此具的砑花相对于前二具，年代要晚，不但皮色可以看出来，而且砑制技术也与现代完全相同。可以说，此三器的砑花，代表了三个时代。

选自《中国葫芦器》

砑花酒坛形蝈蝈葫芦

此为清宫所出，形如酒坛，鼓腹平底，上砑山石花草图案。就其砑花手法而言，与早期砑花以刻画为主有所不同，应属清晚期所制。（刘岳 2005）

本长砑花蝈蝈葫芦

本长甚正，上中下三部分比例尚佳。皮色黄中现红，应是一具老葫芦。器身图案为王清云所砑山石花卉，刀法娴熟，深浅相宜，可与陈锦堂所作相媲美。

选自《中国葫芦器》

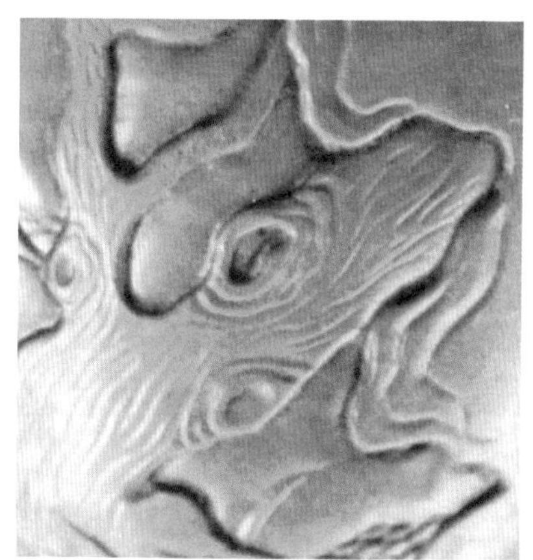

鸡心形蝈蝈葫芦

左上与下具皆为现代砑花，前者图案为山石花木，疏密布置得当，假山、树干纹路砑得极深，立体感甚强。下器为王清云作，砑痕稍浅，远山近树亭台，密而不乱，层次井然。

上右葫芦较老，紧脖，似有勒扎之痕。所作山水景物非现代刀法，更像早期的刻画技法，相比于砑花雷的规整，更显稚拙。

选自《中国葫芦器》

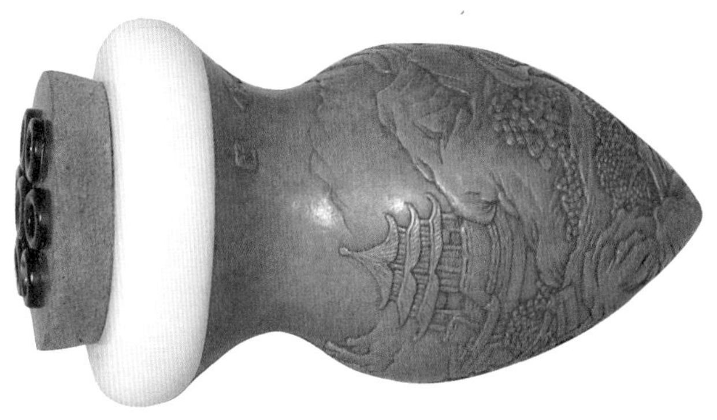

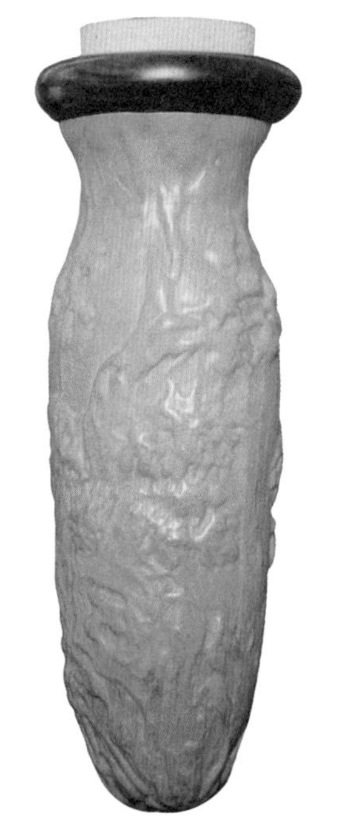

树皮绉纹棒子式蝈蝈葫芦

三具皆属棒子，但纹路又比一般纸纹更显突兀，有一种怪异之美。左上器年代最早，为民国年间物。上右为90年代仿制者，竖行纹路较为规整。此二器皆以模内衬纸或布而成。左器为近年新创，纹路最为怪异，玩家称为“树皮绉”，乃仿树干之干枯外皮，有一种奇特的美感。据说方法是以纸浆堆积而成阳模，以此阳模再翻阴模。

选自《中国葫芦器》

模制鸡心形蝈蝈葫芦

上左器鸡心而圆底，已近似木瓜肚形。脖饰蕉叶纹，器身四面有四“寿”字，皆由暗八仙组成，如民间之花鸟字。“暗八仙”是指八仙人物的八种法器：葫芦、团扇、宝剑、荷花、花篮、鱼鼓、横笛、阴阳板。右器八方鸡心形，底较尖，脖饰回纹，器身雕八卦及暗八仙图，再下是阴阳纹，分布于八方之中。全器图案皆有道家气，寓意吉祥。左器松脖鸡心，器形甚美，皮色紫红。器身雕花卉纹，布局疏朗。红木口盖，平盖镶象。

选自《中国葫芦器》

官模鸡心形蝈蝈葫芦

上器鸡心而紧脖，底稍圆。脖饰蕉叶纹，器身雕海市蜃楼图，海浪作鱼鳞状，颇规整。中器鸡心形脖稍松，模痕明显。器身雕花卉图案，枝叶繁茂，纹路突起。下一具虽同为鸡心之形，但器形更为优美，观之令人赏心悦目，握于掌中十分舒适。器形虽偏小，但各部比例完美，可作官模鸡心形之代表性作品。脖饰焦叶纹，器身笸箩纹饰雕刻极精美，皮色紫红。乌木口盖，牙镶眼。

选自《中国葫芦器》

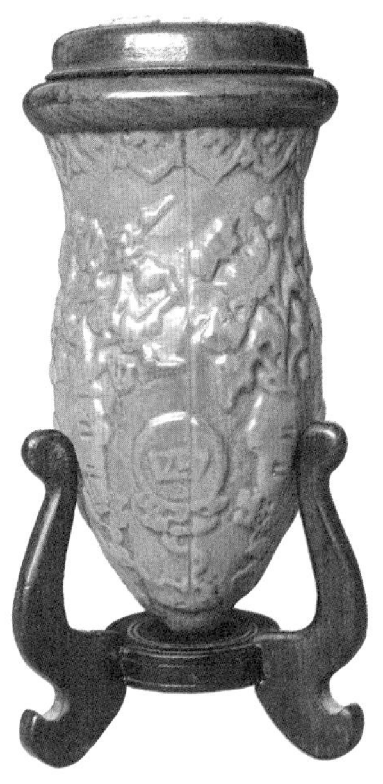

葫芦与陶模花纹比对图

官模鸡心“四海升平”蝈蝈葫芦

鸡心形，器身图案为瓶插四季花卉，四面有楷书“四海升平”，脖饰如意纹。纵向六条模痕明显，故知为瓦模所出。2001 年圆明园含经堂出土的葫芦陶模中，恰有此器瓦模的残片，经对照，图案完全相符，可知此器为清宫含经堂道光年间制品无疑。

选自《中国葫芦器》

长鸡心形蝈蝈葫芦

上为一具之两面。形如鸡心而细长，甚秀气。紧脖无饰，器身雕八骏图。八马各具形态，或立或卧，或奔跑嬉戏，画面颇生动。肩部有折叠，盖因模小瓠大之故也。下一具亦类似，比一般鸡心形稍长，但又比瓶子形略短，紧脖，大翻儿，形甚俊俏。套模时似曾以草纸包裹，故略有纸纹。配厚红木口，极素雅，真正玩家之物。

选自《中国葫芦器》

花模棒子蝈蝈葫芦

此三具即所谓“北京棒子”式，主要特征为器形较矮，松脖，平底。上左器本为花模，惜纹路模糊不清，虽又以火绘模摹，仍难以辨识。后又见另二具图片，可知与前器同模。图案以流云为底，四面方框内书“万福流云”，寓意吉祥。三器相较，右器生长饱满，纹路突出，色泽最佳，保存最为完好。上右次之，纹路稍欠；上左再次之。此种器形虽不甚美，然以之养蝈蝈，效果最佳。

花模鸡心蝈蝈葫芦

上左鸡心而细长，翻甚小，器形颇像官模。花模而模糊不清，依稀可见山水及骑马人物。此种器形虽以现代玩家看来美感不足，但发音效果好。皮色真实自然，葫芦质感强烈。上右就其器形及花纹图案的设计，似属官模。因年代久远，把玩过甚，故花纹表面已被磨平。大略看来，口沿下饰蕉叶纹，其下为回纹，再下为蝙蝠，腹部纹路不清，似以枣花纹组成的几何图案。下具为现代制品，云龙纹极凸出，此亦为近年花模的风格之一，旧时官模花纹很少有如此高耸凸起者。

选自《中国葫芦器》

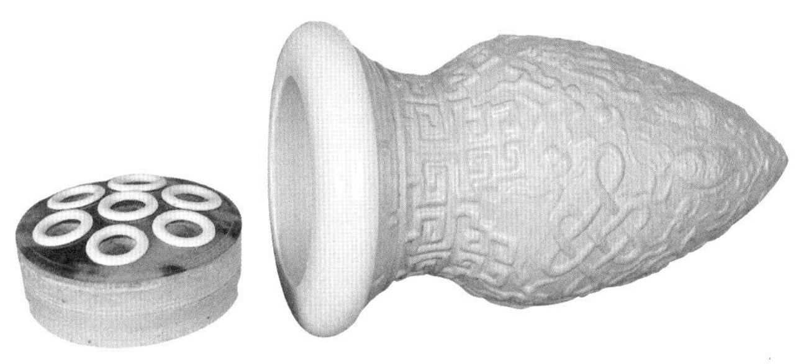

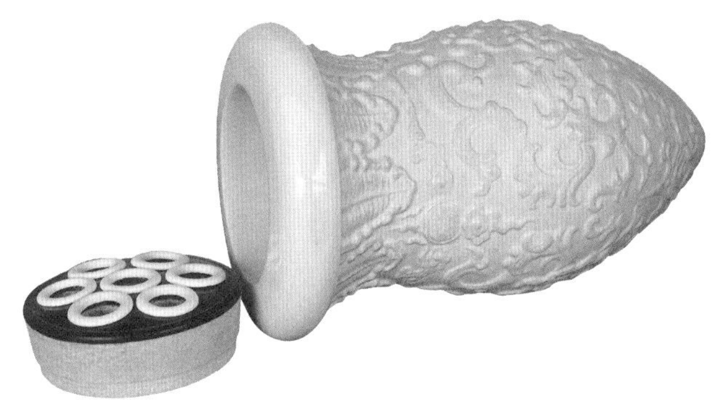

花模鸡心蝈蝈葫芦

2007年新出，皆为鸡心而形稍异，上具紧脖尖底耸肩，下具则为松脖遛肩尖圆底。上具图案为暗八仙，中具则为云纹与勾莲纹，皆雕模精细，生长充足，纹路异常清晰，皮质细腻洁净。虽为新出，然为少见精品，故二具价竟万元。宋文华藏。

右具为仿官模，八方，上有诗文，为一首诗，出自元代道家著作《七真传》。器形与原官模稍有别，原器“翻儿”极小。董树功制，现为作者所藏。

选自《中国葫芦器》

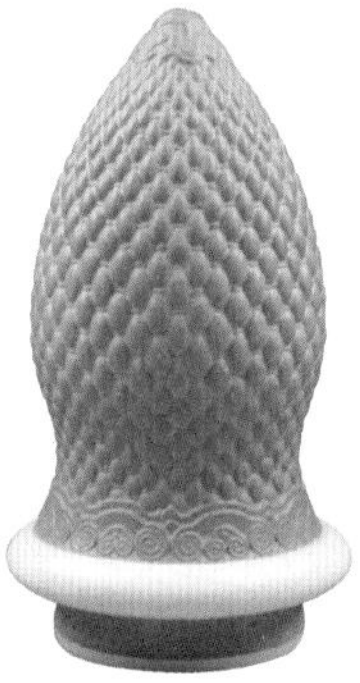

靳建民各式葫芦五种

花模虫葫芦（郝洪仁制）

葫芦虫具五种（陈大刚制）

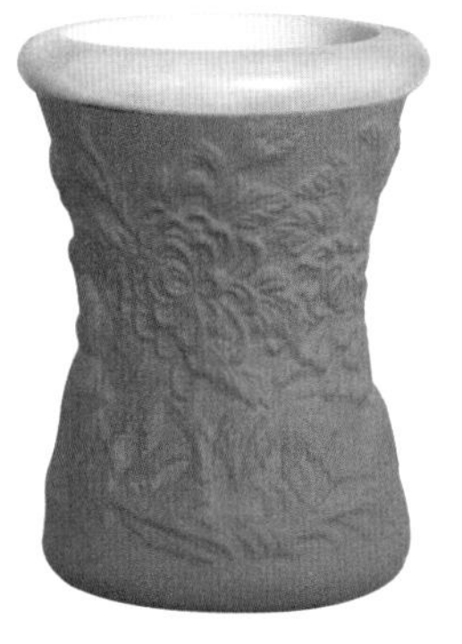

葫芦虫具三种（黄全华制）

肆

葫芦形器物

一 陶器

上为马家文化彩陶瓶，下为红山文化红陶葫芦形把壶，右为仰韶文化史家类型彩陶变形鱼纹葫芦形瓶。三器模仿葫芦的痕迹皆十分明显。

半坡遗址出土的6000多年前的陶瓶。半坡遗址位于陕西省西安市东郊灞桥区浐河东岸，属新石器时代仰韶文化，距今6000年以上。

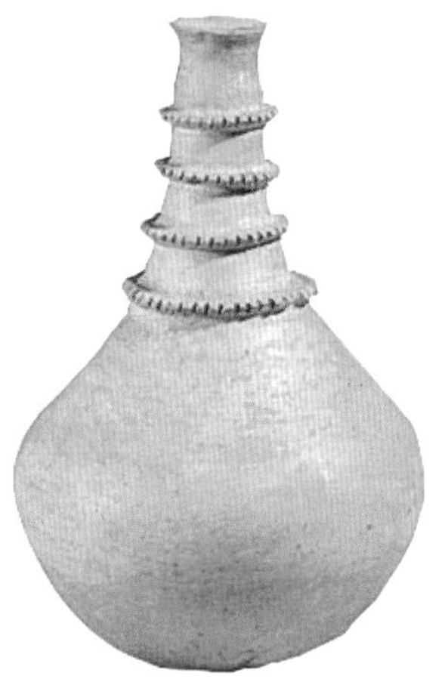

石岭下类型陶瓶二具。石岭下遗址位于甘肃武山城关镇石岭下村，发现于1947年，被命名为“石岭下类型”。该类型是仰韶文化中期，距今有6500—5500年。

马厂双耳壶二具

半山陶壶。半山遗址位于甘肃省临夏回族自治州广河县南山乡魏家咀村，属于马家窑文化半山类型。1924 年最早发现。

马厂双耳壶二具

齐家文化盘口壶

汉代蛋形彩绘壶二具

汉代蛋形黑陶壶

清绿釉壶

清黄釉壶

古陶壶三具（葫芦画社藏）

汉绿釉陶钟

汉双耳陶钟二具

汉绿釉钟三具

彩陶罐二具

彩陶罐二具

马厂彩陶豆

战国席纹灰陶罐二具

唐代光素灰陶罐

半山彩陶双耳壶

庙底沟彩盆

清葱花釉花瓶二具

清蓝釉小瓶二具

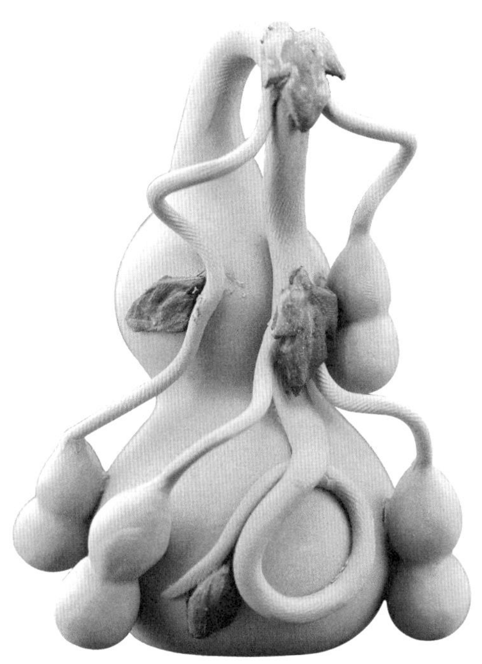

现代彩陶　子孙万代（宋晓庆提供 葫芦画社藏）

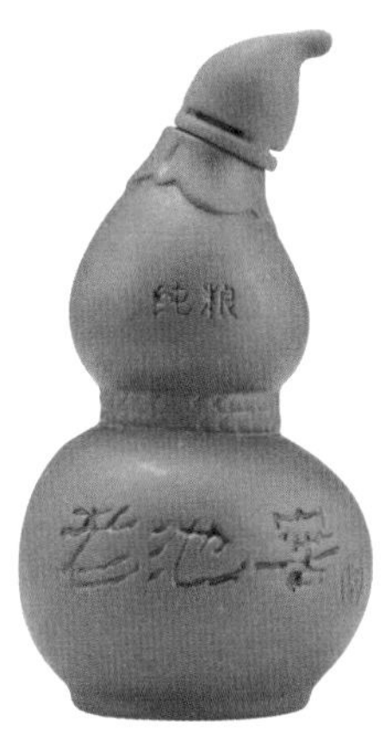

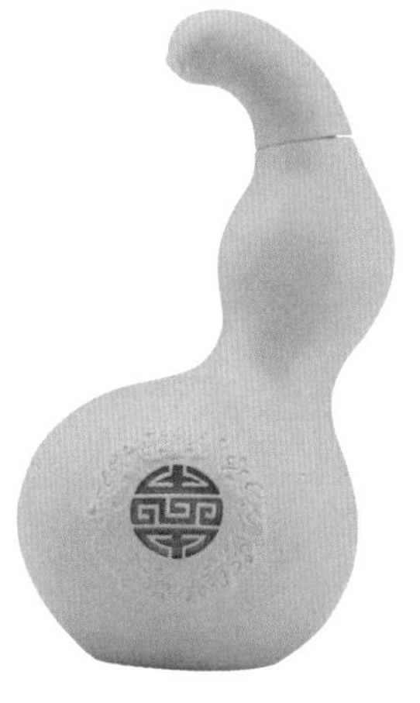

现代彩陶酒瓶三种（葫芦画社藏）

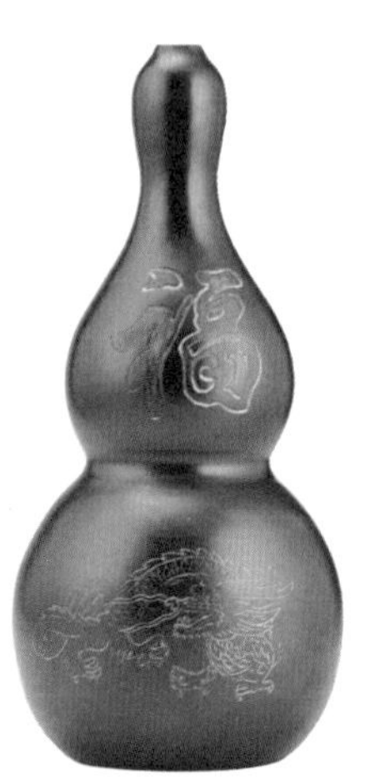

现代黑陶葫芦瓶三种（葫芦画社藏）

现代黑陶　子孙万代

现代陶茶叶罐（李俊青提供）

二　瓷器

东汉黑釉五联罐

唐青釉葫芦形小瓶

五代青釉葫芦形执壶

选自董健丽《中国古代葫芦形陶瓷器》

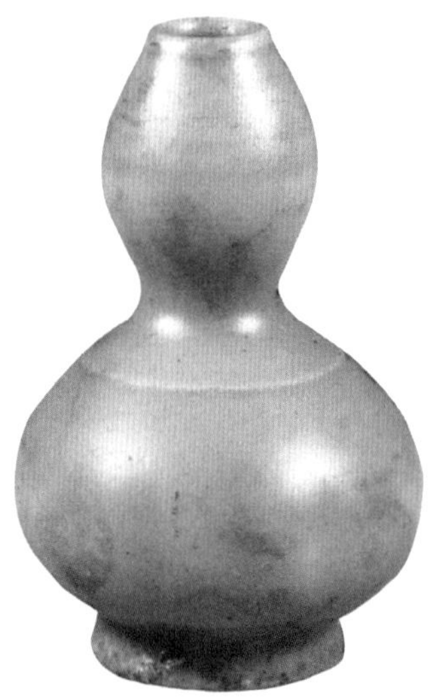

北宋青釉葫芦形瓶

宋三彩葫芦形执壶

宋磁州窑墨绿双系葫芦形瓶

宋定窑白釉葫芦形执壶

选自董健丽《中国古代葫芦形陶瓷器》

辽白釉剔划花莲菊纹葫芦形执壶

辽黑釉花鸟纹葫芦形瓶

辽黄釉葫芦形瓶

辽黄釉葫芦形执壶

选自董健丽《中国古代葫芦形陶瓷器》

辽绿釉刻花葫芦形瓶

金白釉黑花葫芦形壶

金定窑黑釉双系葫芦形瓶

金耀州窑青釉葫芦形执壶

选自董健丽《中国古代葫芦形陶瓷器》

元钧窑天蓝釉葫芦形瓶

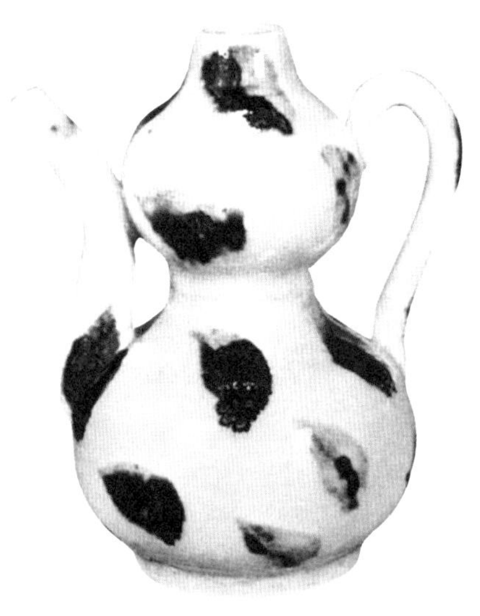

元青釉褐斑葫芦形执壶

元耀州窑青釉葫芦形龙首壶

元青花凤凰草虫纹八棱葫芦形瓶

选自董健丽《中国古代葫芦形陶瓷器》

明成化青花勾莲纹葫芦形

明嘉靖青花云龙纹葫芦形瓶

明嘉靖青花云鹤八仙祝寿图葫芦形瓶

明嘉靖红地黄彩缠枝莲纹葫芦形瓶

选自董健丽《中国古代葫芦形陶瓷器》

明万历青花花鸟纹葫芦形瓶

明万历五彩“大吉”缠枝莲纹葫芦形瓶

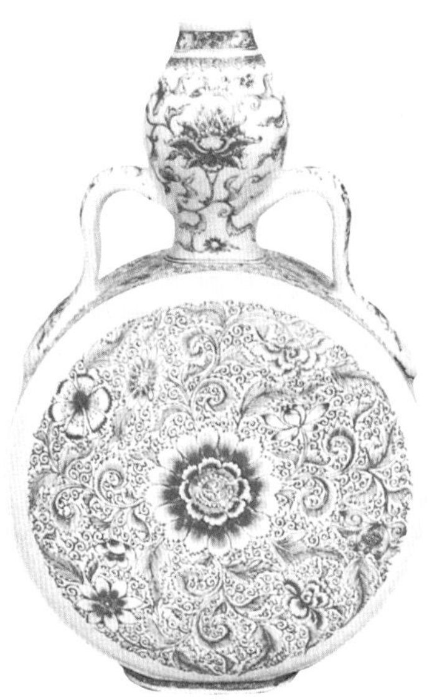

清康熙矾红彩绶带耳葫芦形瓶

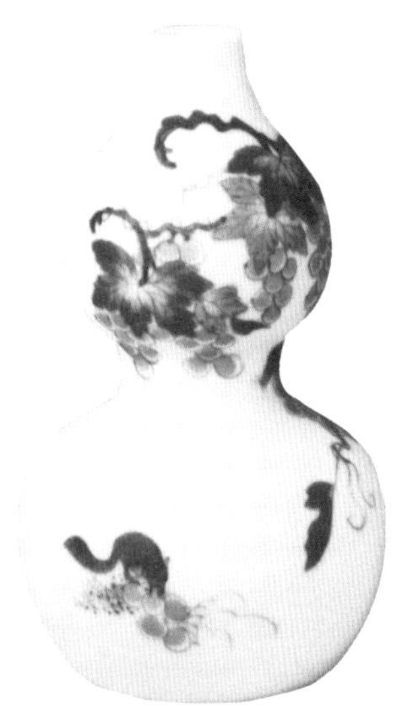

清康熙青花松鼠葡萄纹葫芦形瓶

选自董健丽《中国古代葫芦形陶瓷器》

清康熙青花酱釉葫芦形瓶

清康熙五彩缠枝莲“寿”字葫芦形瓶

清康熙五彩“寿”字璎珞纹葫芦形瓶

清康熙五彩缠枝莲纹葫芦形瓶

选自董健丽《中国古代葫芦形陶瓷器》

清康熙五彩团鹤“寿”字葫芦形瓶

清雍正青地白花葫芦形瓶

清乾隆青花八仙过海图葫芦形瓶

清乾隆松石绿地粉彩红蝠三孔联体葫芦形瓶

选自董健丽《中国古代葫芦形陶瓷器》

清乾隆粉彩紫地勾莲纹如意耳葫芦形瓶

清乾隆红地描金大吉葫芦形挂瓶

清乾隆红绿彩云蝠葫芦形瓶

清嘉庆黄地绿彩花卉纹葫芦形瓶

选自董健丽《中国古代葫芦形陶瓷器》

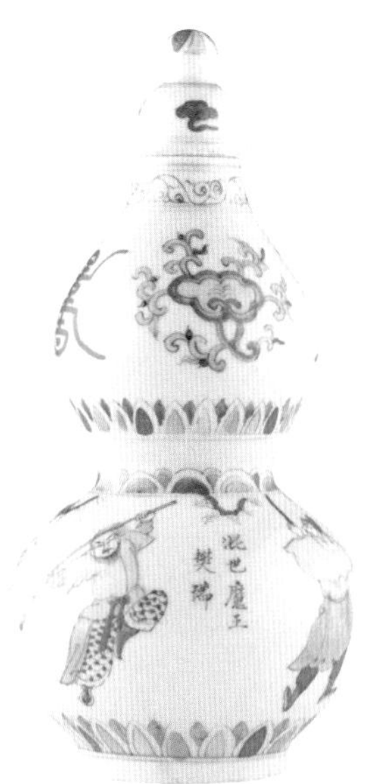

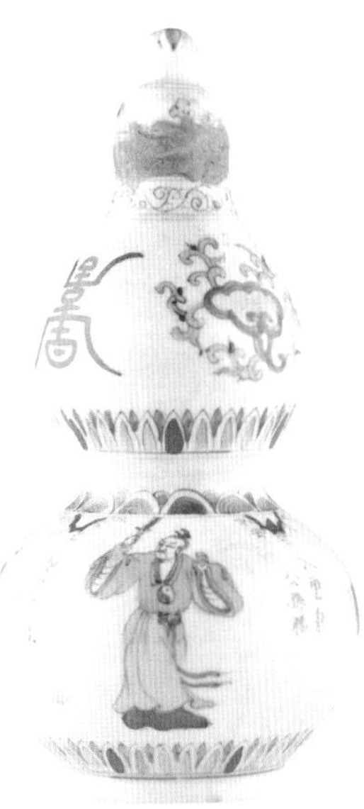

斗彩水浒人物瓶成对

珐琅彩葫芦形执瓶

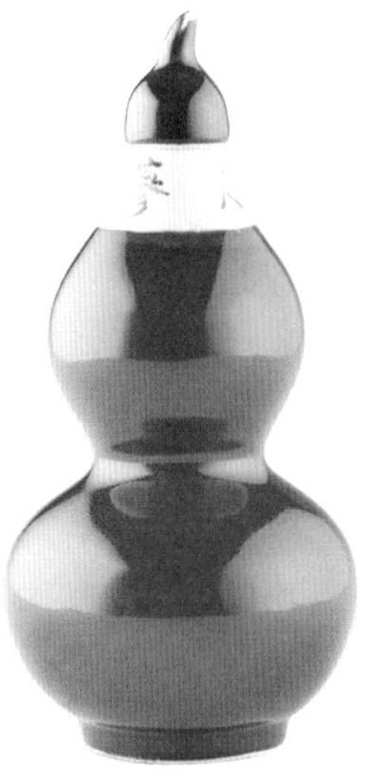

御膳房红釉葫芦瓶

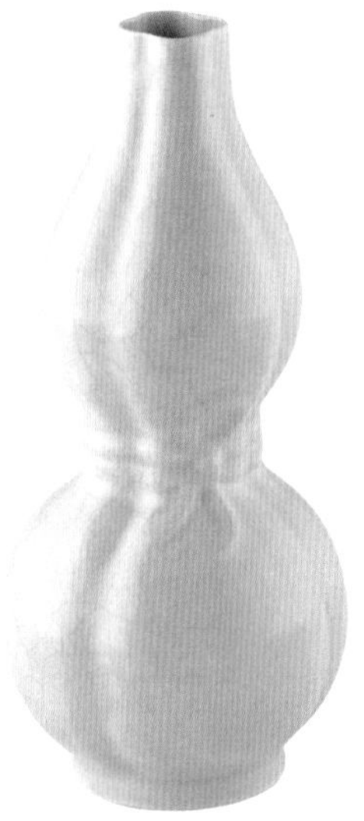

绿釉瓜棱葫芦瓶

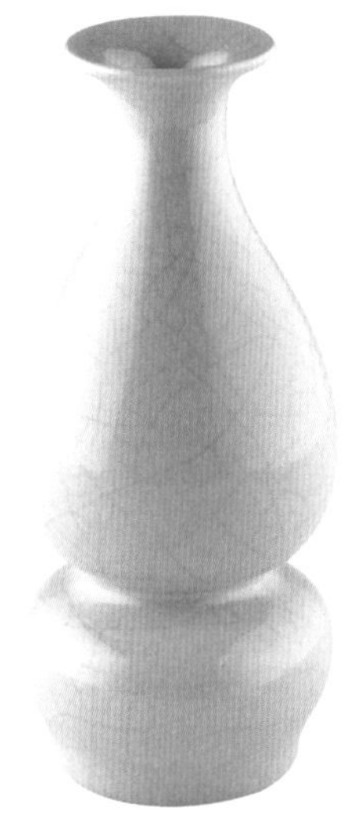

天青釉葫芦瓶

金釉缠枝牡丹纹葫芦瓶

斗彩龙纹葫芦瓶

现代葫芦花瓶二具（葫芦画社藏）

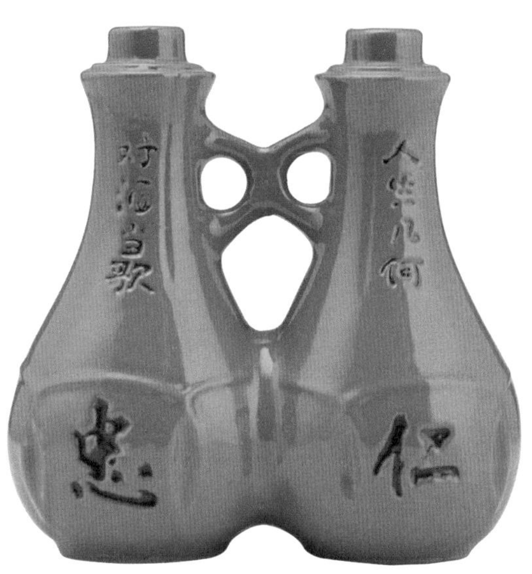

现代葫芦酒瓶（葫芦画社藏）

现代葫芦酒瓶四种（葫芦画社藏）

三　金属器

青铜器葫芦瓶

春秋战国青铜壶

春秋战国青铜壶（山东博物馆藏 孟昭连摄影）

春秋战国青铜匜四具（山东博物馆藏 孟昭连摄影）

青铜镇物葫芦瓶四具（葫芦画社藏）

四　玉石器

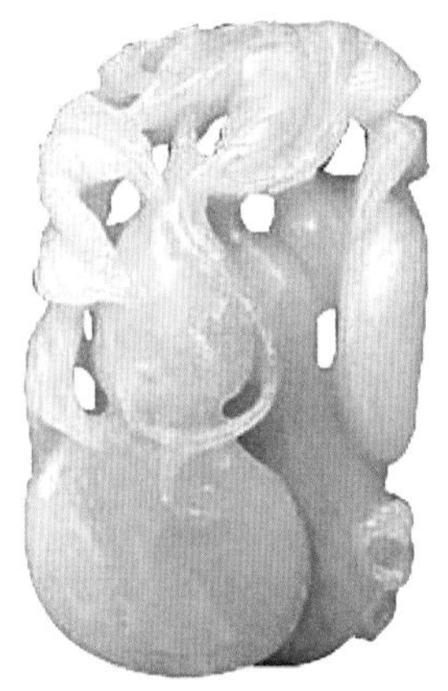

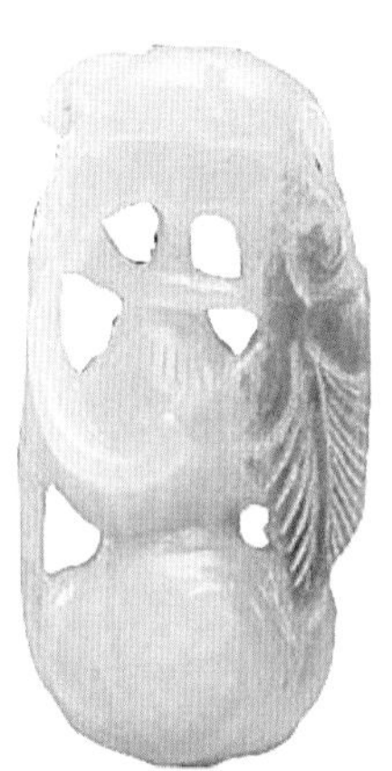

清白玉葫芦玉佩二具

清青玉云龙葫芦形水洗

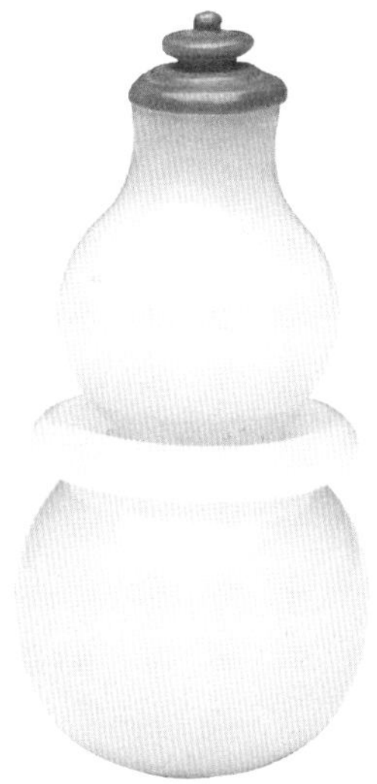
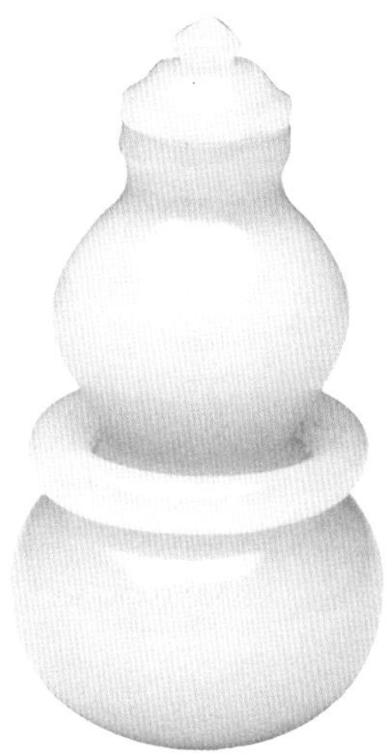

清玉带环鼻烟壶二具

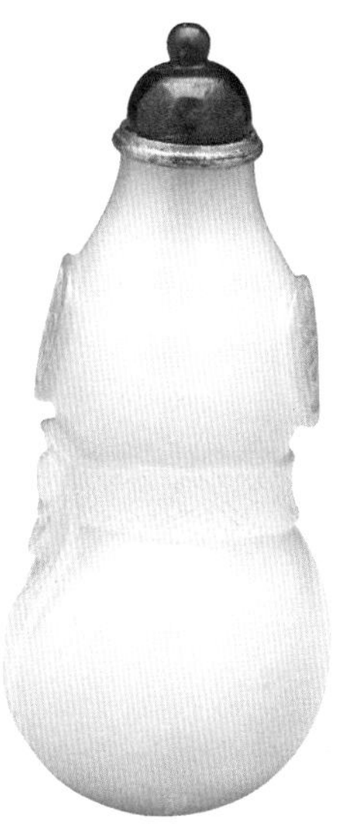

清玉系带鼻烟壶

清玉描金花蝶葫芦形鼻烟壶

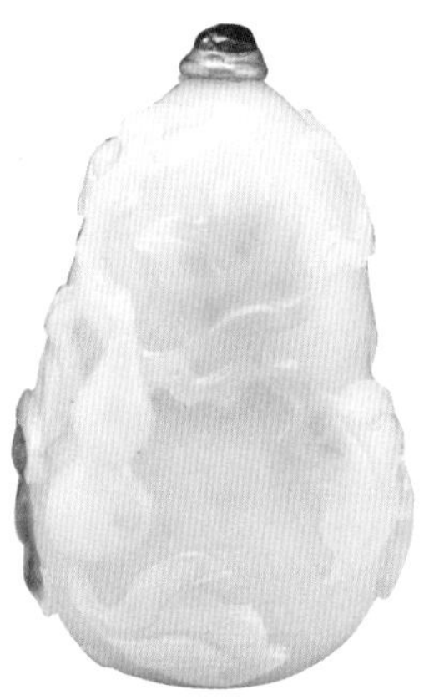

清玉蝙蝠葫芦形鼻烟壶

清玉髓双联葫芦形鼻烟壶

清缠丝玛瑙葫芦形鼻烟壶

清青金石葫芦形鼻烟壶

现代玉制葫芦（葫芦画社藏）

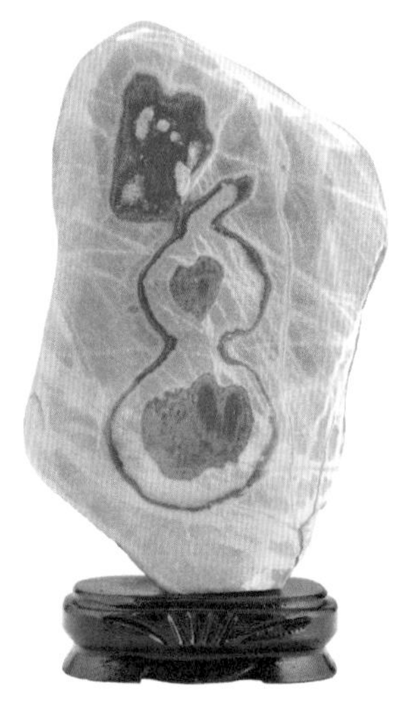

葫芦纹天然石

葫芦形天然石

石雕葫芦砚二种（陶发成制 葫芦画社藏）

五　其他

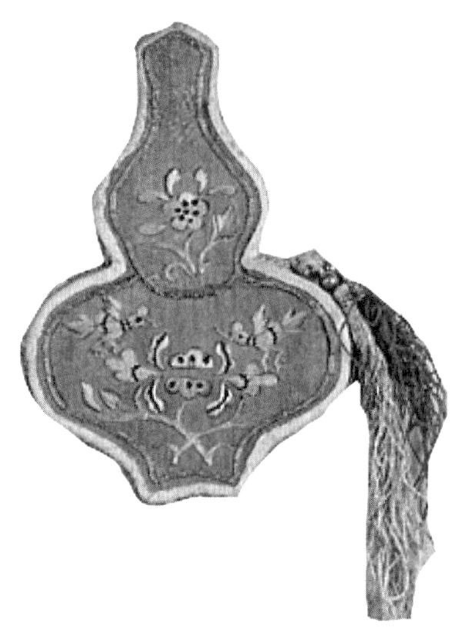

清葫芦形烟袋二具

清掐丝珐琅花鸟葫芦瓶

现代掐丝珐琅缠枝莲葫芦瓶

木雕　葫芦万代二具

根雕葫芦　母与子（葫芦画社藏）

古代竹编葫芦形提篮二种

古代竹编葫芦

竹编葫芦篓

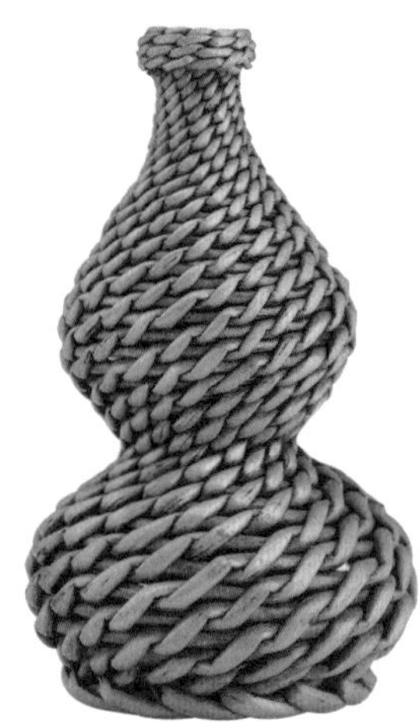

藤编葫芦

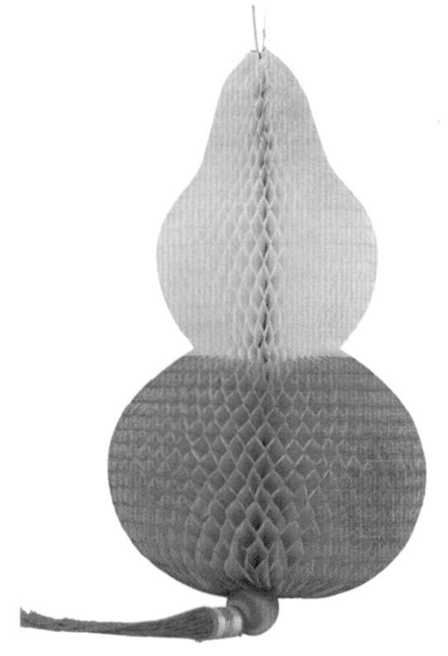

纸扎葫芦（葫芦画社藏）

现代玻璃酒瓶四种（葫芦画社藏）

后 记

舞文弄墨了大半生，应该说本书的完成是感到最困难的，也因此会为我留下终生难忘的印象。虽然从事教学、研究几十年，也写过十部书，几十篇文，但还从来没有编过书，没尝过“主编”或“编者”的滋味，所以对如何编真的不熟悉。本丛书《研究卷》亦出自我手，但只是把前人的论文分类编排，尚觉容易；但作为《器物卷》，主要内容是实物的展示，大量的图片从何而来？能否把前人有关著作中的图片都拿过来，择优编进这本书中来？我甚感困惑。想来想去，不能那样干。因为根据撰写拙著《中国葫芦器》的经验，每一张图片来得都很不容易。金钱上的花费倒还在其次，寻找到实物的所有者并得到拍摄的允许，是相当麻烦的事情，要找人情，拉关系；甚至还有得到拍摄允准但又被人讹诈威胁要把我告到法庭的事，还不止一次出现过。所以最后我采取了比较稳妥的办法，就是在自己身上下手，用拙著《中国葫芦器》中的图片尽可能全面地反映中国葫芦器的历史与现实。感到困难的第二个原因是，时间太紧了。我是“临危受命”，从接受本卷书的任务，到今天才100天，但中间被数次催稿，给我造成极大的精神压力，不得不夜以继日，没有星期天，没有节假日，年三十、年初一都是在电脑前度过的。尽管如此，要想拿出一部令人满意的东西，真是难乎其难啊！第三个困难是，我的性格有一个很大的缺点，就是“瞎认真”。本卷虽文字部分不多，但大量图片的处理，比文字还要困难。为了获得较好的视觉及阅读效果，有时处理一张图要花上一两个小时；有的还要反复处理，以争取最好的质量。我真怀疑自己得了强迫症，这些都是值得的吗？但已经养成的怪毛病，看来这一辈子是很难改过来了。

当我写下这几行字的时候，没有欢悦，只有解脱——终于结束了！

孟昭连

2017年2月4日凌晨于天津寓所